KB149830

새 로 쓴 테 이 블 & 푸 드 코 디 네 이 트

새로 쓴 테이블 & 푸드 코디네이트

김지영
류무희
장혜진
황지희
오재복

교문사

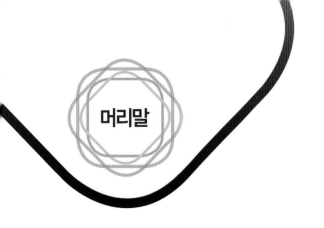

머리말

최근 고도로 발달된 하이테크 문명과 수많은 정보의 바다 속에서 살아가고 있는 바쁜 현대인들에게 재충전의 기회와 편안한 휴식처가 될 수 있는 하이터치 공간의 필요성이 그 어느 때 보다 부각되고 있다. 그 중에서도 많은 사람들은 음식에 관한 정보매체에 보다 큰 관심을 지속적으로 보여주고 있다.

놀라운 속도로 발달해가고 있는 현대사회에서 첨단의 문명을 이용하기만 하는 것이 아니라 균형 있는 생활을 위한 효율적인 방안으로, 우리와 가까이에 있는 식공간은 또 하나의 대안이 될 수 있다. 좋은 그릇에 담겨진 정갈하고 맛있는 음식과 식공간의 요소들이 조화를 이룬 분위기의 식공간에 들어오게 되면 누구나 편안함을 느끼고 미소를 머금게 될 것이다. 이렇게 현대를 살아가는 우리들에게 필요한 것 중의 하나가 문명의 하이테크와 편안함의 하이터치가 서로 균형을 맞추어 우리의 생활에 들어오는 것이라 할 수 있다.

하루의 일상 중에서 누구나 기본적으로 두세 번은 식사 할 기회를 갖게 되며, 식사의 형태는 사람에 따라 다양하게 나타난다. 19세기 《미식 예찬》의 저자인 브리야 사바랭(Brillat-Savarin)이 "당신이 무엇을 먹는지 말해준다면 당신이 어떤 사람인지 알 수 있을 것입니다."고 한 이야기로 미루어 식사는 그 사람의 모든 것을 말해주고 있는 것이라 할 수 있다. 익숙해서 자칫 소홀히 지나칠 수 있지만, 우리와 늘 가까이 있기에 무엇보다 소중한 공간이 바로 식공간이라고 할 수 있다.

저자들은 각자 활동 분야에서 익힌 전문 지식과 경험, 그리고 연구 성과의 지속적인 교류와 반추를 통해 테이블·푸드 코디네이트 이론과 실습에 대해 체계적으로 정리한 책을 내놓게 되었다. 이 책에서는 테이블·푸드 코디네이트에 대한 개념 이해를 시작으로 하여 테이블 코디네이트의 기본요소와 이에 따른 서양의 시대별 식공간 변천사 및 여러 가지 테이블 연출의 방법을 알아보았다. 또한 파티에 대한 이해, 푸드 코디네이터의 다양한 활동 영역과 요리에 있어 색채와 디자인이 갖고 있는 원리와 활용법에 대해 정리하였으며, 피사체를 통해 보이는 도구인 사진에 대한 이해, 그리고 푸드 코디네이트를 효과적으로 하기 위한 도구 및 실제적인 여러 가지 기법에 대해 알아보았다. 또한 디자인적 요소를 바탕으로 한 푸드 프레젠테이션과 여러 가지 방법을 사진과 함께 보여주고 있다.

그리하여 이 책을 통해 테이블·푸드 코디네이터가 되고자 하는 학생이나 보다 전문적인 지식을 얻고자 하는 이들에게 유용한 정보가 될 것으로 기대한다. 또한 테이블과 음식을 아름답게 보이도록 하는 작업은 편안함과 행복감 나아가 치유의 과정까지도 담당할 수 있는 소중한 기회가 될 수 있다는 자부심도 갖게 되기를 바란다.

2017년 1월
저자 일동

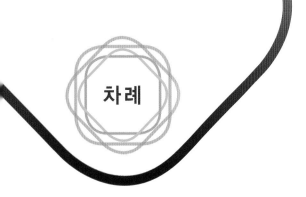

차 례

10 푸드 스타일링 도구 및 기법

NEW TABLE & FOOD COORDINATE

1 테이블 코디네이트

개요

1 테이블 코디네이트 개요

테이블은 식사와 함께 서로간의 커뮤니케이션이 이루어지는 공간으로, 식공간을 좀 더 아름답고 기능적이며 사람이 중심이 되는 테이블로 연출하기 위한 표현에는여러가지 요소들이 작용하고 있다.

이러한 목적을 달성하기 위하여 테이블 코디네이트의 개념과 구성요소, 역사를 살펴보고 감동이 있는 테이블 연출방법을 알아보도록 한다.

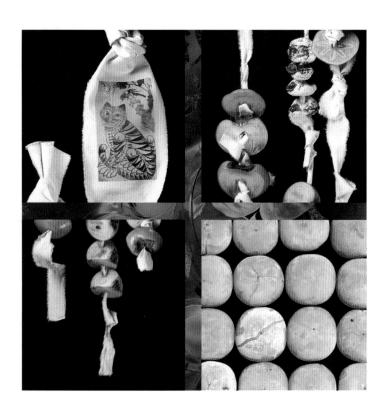

1. 테이블 코디네이트의 개념

테이블 코디네이트란 단순하게는 식탁연출을 의미하지만 여기에 국한하지 않고 사람들이 모여서 이야기를 나누며 상호교류를 통한 장소를 만들어 나갈 수 있도록 하는 것이 중요한 목적이라 할 수 있다. 테이블 코디네이트는 요리와 함께 그릇, 꽃, 테이블클로스에서 음악, 조명 등 식공간에 이르는 중요한 요소들의 조화에 의하여 총체적인 오감五感에 영향을 미치는 공간을 창조하는 것이다. 여기에는 이 공간을 연출해내는 사람의 감성과 주장, 생각이 표현되므로 테이블 코디네이트는 테이블 코디네이터가 가지고 있는 표현 활동의 하나라고 말할 수 있다.

그러나 테이블 코디네이트의 가장 중요한 본질은 어디까지나 사람이 중심이 되는 것이다. 아무리 멋진 식탁연출이라도 표현만을 목적으로 하는 테이블 코디네이트는 많은 사람들에게 공감을 줄 수 없는, 단지 하나의 그림으로서만 감상하게 되는 식탁에 머무르고 말 것이다.

즉 테이블 코디네이트에 의한 사람들과의 커뮤니케이션이 활발해지고, 서로의 이해가 깊어지며, 자신을 재발견하는 촉매로서의 기능을 맺도록 하는 것이다. 그러므로 테이블 코디네이터는 소재를 코디네이트하는 것 뿐만 아니라, 공간과 사람을 연결하는 코디네이터가 되도록 노력해야 하며 그러기 위해서는 다양한 소재에 관한 지식을 쌓는 것과 동시에 코디네이터 자신의 내면을 들여다보고 연마하며 수양하는 자세 또한 중요하다. 상대를 배려하는 마음가짐에서부터 출발할 때 테이블 코디네이터는 감성이 느껴지는, 감동이 와 닿는 테이블을 창조하는 사람이 될 수 있다.

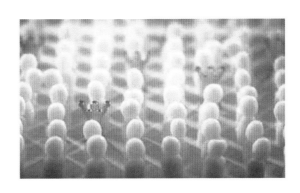

2. 테이블 코디네이트의 구성요소

테이블 코디네이트에서 가장 기본적으로 생각해야 할 사항이 사람과 TPO이다. 사람을 중심으로 하는 시간, 장소, 목적이라는 기본 개념 아래에서 생각해본다. 식탁에 앉게 되는 사람들의 연령대와 성별, 지역에 따라 기호가 다르므로 상대방에 대한 정보가 필요하다. 젊은 사람들은 밝고 캐주얼하고 자유스러운 분위기를 좋아하는 반면, 나이가 많은 경우에는 차분하면서 편안한 느낌의 안정된 분위기를 선호한다. 그리고 식탁에 앉는 사람들의 관계에 의한 서열 및 직위 등에 의하여 앉는 위치가 정해지므로 좌석을 배치하는 경우에는 상석과 하석의 구분이 필요하다. 또한 하루 중에서 언제 이루어지는 모임이냐에 따라 테이블 코디네이트의 성격이 결정된다. 아침식사인 경우에는 간단한 음식과 단순한 꽃장식, 점심이라면 보통의 음식과 함께 너무 긴장되지 않는 상차림, 저녁이라면 음식이 중심이 되는 격식있는 모임이 될 것이다. 식사하는 장소에 따른 분위기 연출은 식당이나 안방, 리빙 룸, 야외와 같은 환경에 따라 식탁의 형태와 크기, 높이 등이 달라진다.

사람은 살기 위하여 먹는다고 하는 것처럼 매일매일의 활동에는 필요한 만큼의 에너지가 필요하다. 이렇게 에너지를 보충하는 의미에서의 식사가 중심이지만 경우에 따라서는 생일이나 결혼기념일, 합격을 축하하는 의미에서의 목적에 적합한 분위기의 연출이 필요하다.

여유 있는 시간을 갖고 천천히 이야기를 나누며 충분한 식사시간을 갖고 싶을 때에는 편안한 좌석이 어울리고, 많은 사람들이 참석하여 장소와 서비스 인력이 충분하지 못할 경우에는 셀프 서비스 형식의 뷔페가 어울린다. 그러므로 식사 시간대와 장소, 목적에 따라서 모든 것이 달라지게 된다. 즉 음식과 스타일, 비용, 장소 등이 달라지는 것이다.

3. 식공간의 크기

개인 식공간 Personal space

식사할 때는 적절하고 알맞은 공간의 확보로 쾌적하고 편안한 식사시간이 될 수 있도록 해야 한다. 여기에는 한 사람의 어깨폭 넓이인 46cm의 공간에 전체 식사 도구를 배치하도록 한다.

따라서 개인공간은 46cm×35cm(가로×세로)의 크기가 기본이 된다.

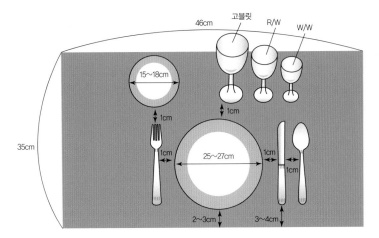

그림 1-1 **개인 식공간**

공유 식공간 Public space

식탁에서 여러 사람이 함께 식사할 때 움직이는 활동범위와 집기 등의 동작치수에 따른 적정공간인 공유 식공간은 다음 그림과 같다.

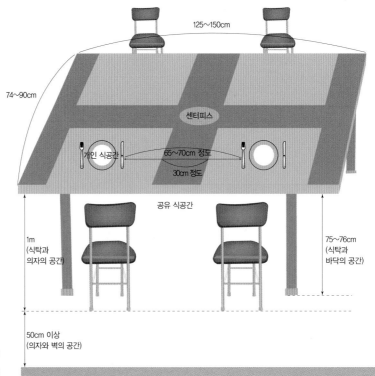

125~150cm

74~90cm

센터피스

개인 식공간

65~70cm 정도

30cm 정도

공유 식공간

1m
(식탁과
의자의 공간)

75~76cm
(식탁과
바닥의 공간)

50cm 이상
(의자와 벽의 공간)

그림 1-2
공유 식공간에 따른 적정공간

2 테이블 코디네이트 기본 요소

2 테이블 코디네이트
기본 요소

테이블 세팅은 식탁에 필요한 도구인 테이블 웨어를 식탁 위에 차려놓는 것을 말하며, 식탁 연출에 필요한 기본 요소에는 디너웨어dinnerware, 커틀러리cutlery, 글라스웨어glassware, 린넨linen, 센터피스centerpiece의 다섯 가지가 있다.

1. 디너웨어

디너웨어^{dinnerware}는 식사를 할 때 사용되는 각종 그릇들을 총칭하는 말로 식기라고도 한다. 메뉴가 정해진 다음 각 코스별 메뉴에 맞게 가장 먼저 선택되며, 종류가 매우 다양하고 만드는 재질과 크기, 형태에 따라 용도를 분류할 수 있다.

발달 배경

아주 오래 전부터 사람들은 흙으로 구워 만든 용기를 생활도구로 이용해 왔다. 흙은 돌이나 쇠에 비해 가공이 쉽고, 재료 자체도 풍부하였기 때문으로 추측된다. 토기가 처음으로 만들어진 것은 유목민보다 일정한 곳에서 안정된 생활을 했던 농경민에 의해서였다.

도자기의 역사는 토기로부터 시작되는데, 천연물질인 진흙을 말리거나 가열했을 때 나타나는 성질을 관찰하다가 만들게 되었을 것으로 보이며, 10,000년경, 문명의 발생지역인 중·근동지방에서 시작되었다. 이집트에서는 기원전 5,000년경에 색채 도기가 출현하였고, 약 2,000년 후 가마나 물레 등의 도구를 이용한 도자기가 발전하였다.

18세기 이전의 유럽은 이탈리아의 마욜리카^{Majolica}, 네덜란드의 델프트^{Delft}[1/], 프랑스의 파이앙스^{Faience}[2/] 등지에서 도기 및 석기가 생산되고 있었고, 자기磁器와 같은 고급제품은 중국과 일본으로부터 수입되었다. 유럽인들의 동양자기에 대한 선망은 자기 제품 개발에 주력하게 만들었고, 이러한 노력의 결과 1709년 독일의 뵈트거^{J.F Bottger, 1682~1719}가 유럽 최초의 자기를 개발하였고, 1710년 독일 동부의 드레스덴^{Dresden} 부근에 마이센^{Meissen} 요窯가 창설되었다.

뒤를 이어 오스트리아의 빈^{Wien}, 프랑스의 세브르^{Sevres}, 이탈리아의 리차드 지노리^{Richard Ginori} 등지에서 경쟁적으로 도자기 가마를 개설하여 유럽의 도자산업은 비약적으로 발전하기 시작했다.

영국 역시 유럽의 자기 개발에 영향을 받아 독자적인 도자산업을 발달시켰다. 1749년 웨지우드^{Wedgwood}에 의한 본차이나의 개발과 명요가 탄생하면서 눈부신 도자산업의 발달을 이루게 되었다.

유럽에서의 도자산업은 동양에 비해 늦게 발달했지만, 산업혁명을 통해 생산된 동력기계의 사용과 과학적인 분석 및 끊임없는 연구를 바탕으로 양질의 도자기를 생산하였고, 이후 오늘과 같은 세계 일류의 명품을 만들어 내는 전통을 이어오고 있다.

디너웨어의 분류

재질에 따른 분류

토기 clayware

토기는 진흙 속의 광물이 용해되지 않고, 진흙의 질적 변화를 가져오는 600~800℃에서 구워진 것을 말한다. 유약을 바르지 않는 경우가 대부분이지만 간혹 소금 유약 등을 사용하는 경우가 있다. 다공질로서 투과성이 있으며, 화분, 기와, 항아리 등이 있다.

도기 earthenware, pottery ceramic ware

찰흙에 자갈이나 모래를 섞어 반죽한 후 형상을 만들어, 비교적 낮은 온도인 1100~1200℃에서 구운 용기이다. 두께가 있는 투박한 토기이나 착색이 쉬워 다양한 색과 무늬를 즐길 수 있다. 대부분 붉거나 갈색이고 유약을 칠하지 않으면 습기나 공기를 통과시킨다. 경질도기와 연질도기로 구분할 수 있다.

석기 stoneware

석기는 고령토, 석영, 산화알루미늄, 장석을 섞은 2차 점토로 만든 강화도자기로 돌 같은 무게와 촉감을 가지며, 일반적으로 1,000~1,200℃에서 구워진다. 굽는 동안 유리화되고, 밀도가 치밀하며 단단해져 음식의 수분이나 기름기로 인해 변색되지 않는다. 몸체의 색깔은 짙은 붉은빛 갈색에서부터 밝고 푸르스름한 회색과 황갈색에 이르기까지 다양한 색상을 가지고 있다.

자기 porcelain

자기는 카올리나이트^{kaolinite}를 주성분으로 하는 고령석^{高嶺石}으로 그릇을 빚어 약 1,300~1,400℃에서 구운 것으로 단단하고 실용적이다. 식기에 나이프 자국이 잘 생기지 않으며, 금이 간 경우라도 음식의 기름이나 액체가 잘 스며들지 않는다. 반투명 자기는 격식 있는 식탁이나 약식의 식탁에 잘 어울리며, 불투명 자기는 격식을 차리지 않아도 되는 모든 자리에 적합하다. 자기는 AD 7세기경 중국에서 가장 먼저 생산하여 전 세계에 널리 퍼져 '차이나^{china}'라고 불린다.

본차이나 bone china

자기보다 낮은 온도인 약 1,260℃에서 구워지며, 황소나 가축의 뼈를 태운 골회를 첨가시켜 만든다. 골회를 많이 첨가할수록 질이 좋아지며, 대개 고급품의 본차이나는 골회 50%, 고령토 30%, 장석 20%를 섞어 만든다. 크림색이 도는 흰색의 반투명 본차이나는 격식의 식탁이나 약식 식탁에 어울리며, 불투명한 것은 약식 식탁에 잘 어울린다.

용도에 따른 종류

개인용 식기

• **접시 plate_** 옛날에는 음식을 식탁 위에 바로 놓거나 볼 안에 놓았으며, 고고학적 발견물 들에서 돌, 설화 석고^{alabaster}, 청동으로 만들어진 접시가 발견되기도 하였다. 로마시대에 노예들은 나무사발로 식사했던 반면, 왕족과 귀족은 금·은·유리·도기 접시를 이용하였다. 중세에는 통밀가루, 호밀을 익혀 4일 동안 숙성시킨 후 둥근 모양이나 직사각형으로 잘라서 사용하였는데 이것을 트렌처^{trencher}라고 불렀다. 여기에 음식이 담겨졌고, 트렌처의 두꺼운 껍질은 지금의 테두리 있는 접시 디자인으로 발전되었다. 14세기 초에는 나무와 백랍[3/]으로 트렌처가 만들어졌고, 빵 밑에 놓고 사용되기도 하였다. 나무로 만들어진 용기는 트린^{treen}이라 불렸으며, 이것은 나중에 도기와 백랍으로 대체되었다.

　초기의 도자기 접시는 끓이고 굽는 음식에서 나오는 즙을 담을 수 있도록 넓은 테두리와 깊게 파인 부분이 만들어졌다. 깊게 파인 부분과 둥근 테두리가 있는 접시는 16세기 이탈리아에서 유래하였다. 산업혁명 이전까지 접시는 큰 크기와 중간 크기로만 만들어졌으나 중산층이 성장하면서 생선, 굴, 디저트, 과일 등 특별한 음식을 담는 접시로 만들어지기 시작하였다. 19세기까지 접시의 크기는 사용되는 시간대에 의해서 결정되었다. 즉, 정찬을 위한 큰 접시, 점심식사를 위한 작은 접시, 아침식사와 오후 티를 위한 것으로 더 작은 접시가 있었으며, 19세기 중반까지 접시의 크기는 규격화되어 있었다.

　접시는 일반적으로 가장자리의 운두가 높고 바닥이 편평하며 납작한 모양을 가진 그릇의 총칭이다. 보통 디시^{dish}와 플레이트^{plate}로 불리는데 디시는 라

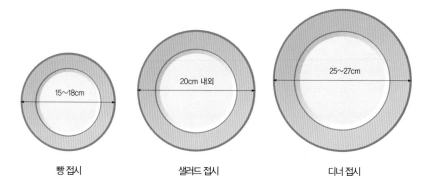

그림 2-1 **접시의 종류별 크기**

빵 접시   샐러드 접시   디너 접시

틴어의 디스커스^{discus : 원형 모양}에서 유래하였으며, 볼보다 깊이가 얇고 플레이트보다 약간 깊이(3.8cm)가 있는 접시이다. 접시는 음식을 담아내거나 그릇 밑에 받쳐 사용하기도 하며, 때로는 장식용으로도 사용되는 등 그 쓰임은 목적에 따라 다양하다. 우리나라에서는 주로 부식용 그릇으로 사용하고 있으나, 서구 문화권에서는 주식을 담는 식기의 대표적인 그릇의 형태이다. 접시의 종류는 표 2-1과 같다.

표 2-1 **접시의 종류**

명칭	형태	크기	용도	비고
서비스 접시 (service plate)		30cm	- 정찬이 시작되기 전에 커버 (cover)^{4/}의 중앙에 놓이며 색과 디자인으로 커버를 장식 - 포멀(formal)한 식사에서는 음식 이 서비스 접시 위에 바로 놓이 지 않고, 메인 코스가 시작되기 전에 치워짐 - 디너 접시로 사용될 때는 프라임 립(prime rib) 같은 음식을 담음 - 카나페, 쿠키, 샌드위치 등의 음식을 내기 위한 작은 플래터 (platter)로 사용	- 플레이스 접시 (place plate), 세팅 접시 (setting plate), 언더 접시 (under plate) 라고도 함
디너 접시 (dinner plate)		25~27cm	- 메인 코스에 사용 - 세팅 시 1인의 위치 중심 - 메인요리, 스파게티, 스테이크, 전채요리, 샌드위치, 햄버거 등 을 담는 데 사용	

(계속)

명칭	형태	크기	용도	비고
런천[5] 접시 (luncheon plate)		23~24cm	– 과일이나 케이크 등을 먹을 경우 또는 나눔 접시로도 사용 – 격식이 있는 식사나 약식의 식사 모두에 쓰임	
샐러드 접시 (salad plate)		20cm 내외	– 샐러드를 담는 데 사용 – 샐러드가 메인 코스일 때는 디너 접시에 제공	– 격식 있는 식사에서 샐러드 접시는 메인 코스가 치워지고 난 후에 손님 앞에 놓이고, 샐러드는 플래터(platter)에 담겨져 손님에게 제공
크레센트 접시 (crescent plate)		폭 5cm, 길이 18~20cm	– 초승달 모양의 접시 – 샐러드, 채소, 소스 같은 것을 주로 담음 – 약식의 식사에 주로 사용	– 영국 디너웨어 회사에서 최초로 만듦
디저트 접시 (dessert plate)		18~21cm	– 격식 있는 식사와 약식의 식사에 모두 사용 – 대부분 화려하게 장식	
빵 접시 (bread plate)		15~18cm	– 소스나 고기 국물, 즙 때문에 빵과 버터가 젖는 것을 막기 위해 사용	– 빵은 경우에 따라서 접시 없이 그냥 테이블 위에 놓이거나, 냅킨에 싸서 두기도 함
수프 접시 (soup plate)		지름 23~25cm, 테두리 2.5~5cm, 깊이 3.8cm 이상	– 가장자리에 테두리가 있는 넓고 얕은 볼 – 진한 수프를 담으며, 손잡이는 없음	
샌드위치 접시 (sandwich plate)		25~30cm	– 네모난 형태로 양쪽에 손잡이가 있음 – 샌드위치를 담아내기 위해 사용	

표 2-2 **볼의 종류**

명칭	형태	크기	용도	비고
부이용 컵과 소서 (bouillon cup and saucer)		9.5cm	– 맑은 수프(bouillon)를 담는 데 사용 – 맑은 수프는 손잡이를 잡고 컵으로 마시거나 스푼으로 조금씩 떠먹음	– 뜨겁고 묽은 수프의 온도와 젤리로 된 수프의 농도를 유지하기 위해 볼이 좁고 깊음
시리얼 볼 (cereal bowl)		14cm	– 샐러드나 파스타 등을 포크로 먹을 경우 사용 – 수프나 시리얼처럼 스푼으로 먹는 음식을 담는 데 사용 – 약식의 식사에만 사용	– 오트밀 볼이라고도 함
핑거볼 (finger bowl)		지름 10cm, 높이 5~6cm	– 식후 신선한 과일을 먹은 후 손끝을 씻는 데 사용[6] – 격식 있는 식사를 제외하고는 잘 사용되지 않음	– 유리로 안을 채운 크리스털이나 은으로 만든 얇은 용기를 사용하며 받침과 같이 제공
램킨 (ramekin)[7]		지름 7~11cm, 깊이 4~5cm	– 측면은 수직이고, 작고 납작한 볼 형태 – 치즈, 우유, 크림으로 구운 요리[8]를 내는 용기	

- **볼 bowl_** 식탁에서 사용하는 볼[9]은 손잡이가 있는 것과 없는 것이 있다. 부이용 컵bouillon cup, 핑거볼finger bowl, 램킨ramekin은 받침접시와 같이 한 쌍으로 이루어져 있으나, 대부분 서비스 접시service plate 위에 놓인다. 볼의 종류와 용도는 표 2-2와 같다.

- **컵 cup_** 인간은 자신의 손을 컵 모양으로 하여 음료수를 마실 때, 새는 불편을 줄이기 위해 마시는 용기를 개발하였다. 차가운 음료는 고블릿goblet, 비커, 탱커드tankard[10] 같은 긴 원통형 용기에 담아졌고, 뜨거운 음료는 작은 볼bowl 모양의 컵cup[11]을 사용하였다. 유럽에서 차를 마시기 위해 맨처음 사용했던 도구는 17세기 초, 동인도 회사가 중국에서 수입한 작은 도자기잔과 석주발이었다. 중국과 일본의 제품을 모방한 영국의 찻잔은 18세기 이후부터 석기, 토기, 도자기 등으로 만들어졌으며, 대개 중국 양식이거나 중국적 특색이 장식되었다. 초기의 찻잔은 크기가 작고, 손잡이가 없어 잔의 위, 아래 가장자

표 2-3 **컵의 종류**

명칭	형태	크기	용도	비고
머그[12] (mug)		지름 8cm, 높이 9cm	- 원통형 용기 - 아침식사와 점심식사에 뜨겁게 마시는 커피용 컵 - 커피, 티, 코코아 등 묽은 음료를 마시기 위한 컵	
티 컵 (tea cup)		지름 8~9.5cm, 높이 4.5~5.6cm	- 홍차를 마시기 위한 컵 - 홍차의 색을 즐길 수 있도록 하기 위해 컵의 윗부분이 넓고 높이가 낮음	
커피 컵[13] (coffee cup)		지름 6.3cm, 높이 8.3cm	- 열을 보존하고, 커피의 맛과 향을 유지하기 위해 커피 컵은 실린더 모양을 하고 있음	
데미타스 컵 (demitasse cup)		높이와 지름 약 5.7cm	- 격식 있는 식사 후에 알코올의 효과를 떨어뜨리고, 소화를 촉진하기 위해 나오는 에스프레소 등의 진한 커피를 마실 때 사용	- 프랑스에서 처음 만들어졌으며, 데미타스는 '반 컵(halfcup)'이라는 의미를 가지고 있음
브렉퍼스트 컵(break- fast cup)		지름 11.4~ 14.6cm 높이 8.2cm	- 많은 양의 커피를 마시기 위한 컵으로 주로 카페인이 적은 커피나 카페오레를 마실 때 사용	- 19세기 초 커피에 대한 요구가 높아져 두세 배의 용량을 가진 컵이 사용됨

리를 손가락으로 잡을 수밖에 없었다. 18세기에 이르러서는 다소 드물긴 해도 손잡이가 있는 찻잔이 있었지만 대체로 고가여서 부자들만 소유할 수 있었다. 그러나 산업혁명 이후 대량생산이 가능해지면서 손잡이가 있는 컵이 일반화되었다. 컵의 크기는 음료의 농도와 음료를 내는 시간으로 결정되며, 큰 컵이나 머그는 아침 식사와 점심 식사 시에 뜨겁게 마시는 커피, 티, 코코아나 오후에 차가운 탄산수를 마실 때 사용된다. 작은 컵은 에스프레소와 같은 짙은 음료, 페이스트로 된 뜨거운 초콜릿, 알코올로 만든 독한 음료를 마시는 데 사용된다.

그림 2-2 **컵의 종류별 크기**

데미타스 컵　　　　커피 컵　　　　머그

서브용 식기 serveware[14/]

서브용 식기는 식사에 접대되는 음식을 담는 것으로 처음에는 속이 빈 나무, 나무껍질로 만들었고, 고대에는 귀족 연회를 위해 금, 은, 설화 석고로 만들어졌다.

표 2-4

서브용 식기의 종류

명칭	형태	크기	용도	비고
서브용 볼 (serving bowl)		지름 20~23cm	- 얕은 서브용 볼은 아스파라거스, 과일, 롤빵과 같은 딱딱한 음식을 내는 데 사용 - 깊은 서브용 볼은 으깬 감자 (mashed potato), 밥, 파스타, 크림으로 된 부드러운 음식에 사용	
커버드 베지터블 (covered vegitable)		지름 20cm	- 익힌 야채 요리를 내는 데 사용하며 뚜껑이 있음	
티 포트 (tea pot)		지름 16cm, 높이 13cm	- 티를 넣어 우려내고, 서브하기 위해서 사용되는 포트 - 둥근 모양의 티포트는 티의 점핑(jumping)을 좋게 하여 맛있는티를 우려냄	- 17세기에 티는 비싼 제품이었으므로 티 포트는 1인분을 담을 수 있는 크기로 만들어졌고, 약 8~10cm 높이를 가진 모양
커피 포트 (coffee pot)		지름 13cm, 높이 23cm	- 크고 좁은 실린더 모양으로 이는 커피 찌꺼기가 바닥까지 가라앉을 공간과 커피가 위까지 떠오를 공간을 주기 위해서임	- 크고, 좁고, 실린더 모양을 한 터키의 주전자에서 유래
초콜릿 포트 (chocolate pot)		지름 10cm, 높이 20cm	- 실린더 모양을 하고 있으나, 커피 포트보다 약간 작은 크기 - 손잡이는 고리 형태가 아니라 직선으로 되어 있으며 나무로 만든 경우가 많음 - 손으로 다루기 쉽도록, 손잡이는 주둥이에서 직각으로 위치	- 17세기 말에 소개 - 핫 초콜릿은 컵이나 머그에 마시며, 초콜릿 포트는 좀처럼 쓰이지 않음

(계속)

명칭	형태	크기	용도	비고
데미타스 포트 (demitasse pot)		높이 약 18cm	– 실린더 모양의 커피 포트로 크기가 작음 – 데미타스 커피를 서브하기 위해 사용	
콤포트 (compote)		지름 20cm	– 굽이 달린 접시 – 사탕이나 얼린 과일을 내기 위해서 격식 있거나 약식의 식사에서 사용	– 19세기에 큰 굽이 달린 접시는 격식을 차린 식탁 장식에 사용
플래터 (platter)		지름 23~61cm 이상	– 보통 손잡이가 없으며 깊이가 얕은 대형 접시 – 둥글거나 타원형 또는 직사각형모양 – 격식 있는 연회에서는 생선 코스, 앙트레 코스, 메인 코스, 샐러드 코스, 디저트 코스를 내는 데 사용 – 약식의 연회, 뷔페에서는 가니시(garnish)가 둘러진 고기 코스 또는 과일 조각, 야채, 샌드위치, 케이크, 쿠키 등과 같이 차가운 음식을 담기 위해 사용	
소스와 그레이비 보트 (sauce and gravy boat)		장축 22cm, 높이 10cm, 240mL	– 소스나 그레이비를 따로 낼 때 사용 – 격식 있는 식사에서는 서빙하는 사람에 의해 제공 – 약식 식사에서는 테이블 위에 올려놓고 사용	
트레이 (tray)[16]		38~99cm 로 다양	– 격식 있는 식사에서는 샐러드, 치즈, 디저트뿐만 아니라, 메인 코스를 내는 데도 사용 – 약식 식사에서는 빵, 롤빵, 쿠키,샌드위치와 같은 마른 음식을 내기 위해 사용 – 냅킨으로 싸둔 커틀러리를 담거나 식탁을 정리할 때 사용	
튜린 (tureen)[17]		3L 내외	– 뚜껑 달린 움푹한 그릇 – 뚜껑과 양옆에 손잡이가 있는 손님 접대용 큰 볼 – 큰 것은 스프, 스튜, 펀치, 등을 내는 데 사용 – 작은 것은 소스, 고기국물, 야채를 담는 데 사용	

18세기의 전형적인 연회는 100개 이상의 그릇을 내는 세 개의 코스로 구성되고, 메뉴는 수백 개의 서브용 식기가 필요하였다. 18세기 중엽까지 뚜껑이 있는 서빙용 식기는 음식을 따뜻하게 유지하기 위해서 워밍 스탠드[warming stand]와 함께 만들어졌으며, 19세기 초에는 러시아식[à la Russe]정찬 접대가 소개되었다. 이는 하인이 서브용 식기인 플래터[platter]와 볼[bowl]을 사용하여 손님에게 접대하는 방식이었다.

서브를 위해 필요한 식기에는 볼[bowl], 음료 용기[beverage pot], 굽 달린 접시[compote], 물주전자[pitcher], 서빙용 접시[platter], 소금·후추통[salt and pepper dispenser], 트레이[tray], 튜린[tureen][17] 등이 필요하며, 할로웨어[holloware]로 부르기도 한다.

2. 커틀러리

커틀러리[cutlery]는 나이프, 스푼, 포크 등 우리가 식탁 위에서 음식을 먹기 위해 사용하는 도물류, 금물류의 총칭이다.[18]

발달 배경

스푼 spoon

조개껍데기가 스푼의 원형이라는 사실에는 이견이 없다. 동그랗게 오므린 손의 모양에서 시작된 스푼은 조개나 굴, 홍합의 껍데기 등을 이용하다가 구형, 타원형, 달걀형의 접시에 손잡이가 달린 형태로 변화했다. 또한, 접시에 손가락을 적시지 않고 음식을 뜨기 위해 손잡이가 추가되었다.

스푼 제작에 주물 방식이 도입되면서 그 모양도 자연에서 찾아볼 수 있었던 초기의 형태에서 점차 벗어나 유행에 따라 자유롭게 발전하기 시작했다.

스푼의 모양은 14세기부터 20세기까지 손잡이의 꼭지점에 부착한[figshaped] 정삼각형에서 타원형으로, 다시 손잡이 아래 기저에 부착한 긴 삼각형으로, 이후 다시 달걀형, 타원형으로 변화했지만, 기본적으로 조개의 형태에서 크게 벗어나지는 않았다.

형태 면에서 식탁용 나이프와 포크가, 동반자로서 때로는 견제의 대상인 경쟁자로서 일종의 공생관계를 유지하며 진화한데 반해 스푼은 비교적 독립적으로 발전해 왔다. 스푼의 전성기는 융성한 식탁문화에 맞춰 다양한 형태로 제작되었던 19세기 후반이었다.

스푼의 발달사는 수프를 먹는 관습의 변화와 불가분의 관계를 맺는다. 초기에는 여럿이 먹는 수프 그릇에 입을 대고 마시거나 국자로 먹는 등 공동기구로 사용하였다. 이후 상류층에 의해 수용된 수프 먹는 방식이 단계적으로 정착되면서 누구나 자신의 개인 접시와 개인 스푼을 소유하게 되었고, 수프는 특별한 도구로 분배되었다. 결과적으로 식사 자체가 사회생활의 필요에 상응하는 새로운 양식으로 변화한 것이다.[20]

나이프 knife

나이프는 취식도구 가운데, 비교적 일찍 등장했다. 그러나 초기의 나이프는 개인 소유의 취식도구라기보다는 조리도구의 성격이 강했으며, 무기나 연장 등의 역할을 동시에 취하는 다목적 용도였다.

중세의 식탁에서만큼 나이프가 대접을 받던 시기는 없었다. 심지어 격식을 차려야하는 특별한 자리에서는 양손에 나이프를 하나씩 들고 식사하는 것이 세련된 식사법으로 간주되기도 하였다. 포크가 보급되면서 점차 고기를 자르는 용도 외에는 특별한 쓸모가 없는 왼손의 나이프를 몰아냈고, 잇따라 오른손 나이프의 기능에도 변화가 생겼다.

포크의 등장은 나이프의 형태 변화에 주요 인자로 작용하였다. 즉 나이프의 날이 둥근 형태로 발전하면서 무기로 남용될 수 있는 위험이 감소했다.

포크 fork

포크는 건초 등을 끌어올리는 용도의 도구로 두 개의 갈래로 만든 것이 그 원조였다. 고대 이집트인들은 청동으로 만든 제의용 포크 ceremonial fork 를 신성한 제물을 바치기 위한 종교적 연회에서 사용하였다. 포크처럼 생긴 고대의 도구 가운데 쇠스랑과 삼지창도 있었지만, 당시만 해도 포크는 식사와는 전혀 무관한 물건이었다. 즉, 뜨거운 불에서 음식을 조리할 경우에만 사용할 수 있도록 고안한 조리도구인 셈이었다.

〉
그림 2-3 **중세 군주의 식사 장면**
나이프 서비스는 우두머리격인 군
주의 옆에서 시동이 하였고, 식탁
위에는 아직 등장하지 않았다.

》
그림 2-4 **요크, 글로스터, 아일**
랜드의 공작들과 식사하는 리처
드 2세
장 드 우미브랭, 〈영국 연대기〉에
서 발췌한 세밀화를 보면 개인별로
나이프가 지급된 것을 알 수 있다.

두 갈퀴two-pronged 포크는 주방에서 고기를 고정시켜 썰거나 담기에 이상적이었다. 고기 위에서의 이동이 자유로웠고, 잘라낸 고기 조각을 커다란 주방용 오븐에서 접시platter로 옮길 때에도 요긴하였다. 주방용 포크에서 원형을 차용한 초기의 식탁용 포크는 일련의 변이과정을 겪어왔다. 포크의 사용이 빈번해지면서 드러난 단점들을 개선하기 위하여 그 형태를 수정한 것이다. 식탁용 포크 역시 초기에는 긴 일직선의 두 갈래 모양이었다. 갈래가 길수록 당시의 일반적인 육류 조리법이었던 로스트roast한 고기를 좀더 단단히 고정시킬 수 있었기 때문이었다. 그러나 시간의 경과에 따라 긴갈래longish tines의 포크는 다이닝 테이블dining table에서 무용지물이 되어갔다. 물론 식기류tableware가 주방용구kitchenware와는 차별화되어야한다는 유행 스타일의 요구도 무시할 수 없었을 것이다. 결과적으로 17세기부터는 식탁용 포크의 갈래가 주방용 도구의 갈래보다 현저하게 짧고 가늘어졌다.

음식을 단단하게 고정시키기 위해 포크의 두 갈래 사이가 어느 정도 떨어져야 했고, 그 결과 갈래 사이의 간격이 규격화되기에 이르렀다. 17세기 말~18세기 중엽에 이르러서는 포크의 측면이 완두콩처럼 부드러운 음식을 뜨기 위해 약간 휜 모양으로 변했고 이러한 단점을 보완하고자 포크는 마지막 해결책으로 갈래를 하나 더 달게 되었다.

그림 2–5 **포크를 사용하기
시작한 초창기의 그림**
몬테 카시노 수도원 제공, 11세기
이후의 세밀화

18세기 초 독일에서는 현재와 같은 네 갈래 포크가 사용되었으며, 19세기말
에 이르러 네 갈래의 디너 포크four-tines dinner fork는 영국에서도 일반화되었다. 이것
은 비교적 표면적이 넓지만, 입에 넣기 번거로울 정도는 아니었다.

표 2–5 **커틀러리의
기원과 분류**

종류	유래	형태에 의한 분류	특징
스푼 (spoon)	– spon: '평평한 나무 토막'의 뜻인 앵글로 색슨어 – cuillére(불어): 조개 류인 고동을 먹던 도 구에서 유래	– 주 기능인 볼의 형태가 정삼각 형 → 타원형 → 긴 삼각형 → 달걀형 → 타원형으로 변화 – 특별한 형태의 스푼 : 소금, 감 귤류[21/]	– 인류 역사상 최초의 식 도구 – 테이블 스푼은 수프의 발달과 관련이 깊음 – 티 스푼은 기호음료의 유행과 연관 – 특별한 음식용 고안
나이프 (knife)	– knif: '한꺼번에 누르 다' 혹은 '자르다'의 중세 영어	– 주 기능인 날 끝이 뾰족한 것 → 동시에 찍어 먹는 기능 수행 – 평평한 것 → 동시에 음식물을 얹어 입으로 옮기는 역할 ⇒ 식 탁 포크의 등장 이후 자르는 역 할 수행	– 조리도구의 성격, 무기 나 연장 등의 다목적 용 도로 출발 – 그 목적에 따라 조리용 이나 식탁용으로 구분
포크 (fork)	– furca: 건초용 포크 (pitch fork)	– 주 기능인 갈래가 두 갈래 → 세 갈래 → 네 갈래로 변화 – 17세기부터 식탁용 포크가 조리 용보다 갈래가 짧고, 가늘어짐	– 그 목적에 따라 제의 용, 조리용, 식탁용으 로 구분

자료 : 장혜진, 커틀러리의 역사적 고찰, 경기대학교 석사 논문, 2003.

표 2-6 **용도에 따른 커틀러리의 분류**

사용 대상	명칭	형태	용도	기타
개인 도구	테이블 스푼 (table spoon)		– 스푼 가운데 가장 큰 사이즈 – 수프를 쉽게 담을 수 있도록 오목한 타원형의 볼 – 현대에는 식생활의 간편화에 따라 수프의 종류별로 스푼을 갖추는 일은 드물고, 일반 가정에서는 대체 가능한 다용도 스푼 즉, 플레이스 스푼(place spoon)을 선호	– 초기의 수프용은 약간 둥글납작한 형태 – 무화과형의 스푼은 17세기 이후 타원형화 – 18세기에 이르러 볼채 들고 마시던 관습이 소멸하고, 스푼으로 먹는 방법 수용 – 19세기 다양한 종류의 스푼으로 발전
	디저트 스푼 (dessert spoon)		– 둥근 끝은 부드러운 디저트를 자르는 용도로 사용 – 뾰족한 끝은 단단한 디저트를 자를 때 사용	– 좁은 날과 둥글고 뾰족한 끝이 특징 – 격식, 약식에 사용
	데미타스 스푼 (demi-tasse spoon)		– 테미타스 잔에 에스프레소를 마실 때 설탕을 넣는 용도로 사용	– 테미타스 전용은 약 9~10cm로 격식 있는 상차림에서 사용
	아이스 크림 스푼 (icecream spoon)		– 아이스크림이 코스식 상차림에서 디저트로 제공될 때 사용	– 아이스크림 전용은 미니 삽의 형태 – 접시 위에 제공되는 아이스크림 롤 같은 얼린 디저트용으로 사용되므로 약식에 적당
	자몽 스푼 (grape-fruit spoon)		– 오렌지(orange) 스푼, 또는 과일용 스푼 – 자몽의 과육을 쉽게 뜰 수 있도록 한 쪽 가장자리에 톱니가 있는 뾰족한 끝과 자른 과육을 충분히 담을 수 있도록 넉넉한 크기의 볼	– 스푼의 역할과 동시에 포크, 나이프 겸용으로 만든 것이 감귤류 스푼 (citrus spoon) – 그레이프나 오렌지처럼 과육이 잘라진 형태의 과일이나 복숭아처럼 연한 과육(pulp)을 자르는 용도
	수박 스푼 (water-melon spoon)		– 수박의 씨를 발라낼 수 있도록 볼의 끝 부분이 창의 모양으로 뾰족한 것이 특징	– 특별한 과일용으로 제작된 아이디어 제품

(계속)

사용 대상	명칭	형태	용도	기타
개인 도구	멜론 스푼 (melon spoon)		– 부드러운 멜론을 먹기 쉽도록 볼 부분이 올록 볼록한 것이 특징	– 유럽에 차가 소개된 1615 년경 등장
	티 스푼 (tea spoon)		– 티 컵의 크기에 준하여 생산	– 좁은 날과 둥글고 뾰족 한 끝이 특징 – 격식, 약식에 사용
	테이블 나이프 (table knife)		– 메인 디시용으로 고기가 쉽게 잘리도록 날카로운 날을 지님	– 가장 긴 나이프 – 격식, 약식 사용
	생선 나이프 (fish knife)		– 은이나 은도금으로, 날 의 끝은 무디고, 면적은 넓어 생선 요리를 먹기 에 편리 – 비대칭의 형태가 특징 – 생선에서 뼈대를 골라 접시에 옮길 때 사용하 도록 톱니 모양으로 마 무리[22/]	– 1870년경 유럽인들이 생 선 나이프와 생선 포크 를 고안 – 격식, 약식 사용
	스테이크 나이프 (steak knife)		– 커틀러리의 대명사격인 날카로운 끝부분과 고기 의 두꺼운 부분을 자를 수 있는 톱니 날이 특징	– 고기라는 특별한 이미 지를 연상케 하므로, 초 기 나이프의 특징인 뾰 족한 끝의 형태가 보존 – 격식 있는 상차림에서 디너 나이프로 쉽게 자 를 수 있는 고기를 접대 하는 것이 예의이므로 스테이크 나이프는 약 식의 식사에서 사용
	디저트 나이프 (dessert knife)		– 좁은 날과 둥글고 뾰족 한 끝이 특징 – 과일용 나이프는 뾰족한 끝과 약간 휜 좁은 날의 형태로 끝은 톱니 모양	– 약 19.5cm – 격식, 약식 모두에서 디 저트 포크와 함께 사용
	테이블 포크 (table fork)		– 유럽식이 미국식보다 1.2 cm 가량 더 짧음[23/] – 일반적인 식사를 도움	– 약 17 cm – 격식, 약식 모두 사용

(계속)

사용 대상	명칭	형태	용도	기타
개인 도구	생선 포크 (fish fork)		- 생선을 고르는 지레장치의 역할을 하기 위해 넓은 왼쪽의 갈래가 특징 - V자 모양으로 벤 자국은 뼈 위에 맞추기 쉽도록 홈을 냄	- 생선 요리에 곁들여 나오는 레몬에 의해 부식될 염려가 있으므로 특히 세심한 주의를 요함
	디저트 포크 (dessert fork)		- 디저트 포크는 샐러드 포크와 비슷하지만, 약간 좁음 - 정찬 포크보다 뒤늦게 생산	- 18세기 무렵 메인 식사 후, 디너 포크를 레스트 (rest) 위에 놓고 디저트 코스를 준비하였으나, 18세기말 디저트 포크의 등장으로 포크 레스트는 사용하지 않게 됨
	페이스트리 포크 (pastry fork)		- 샐러드 포크보다 좁고, 약간 더 짧음 - 베어낼 때 지레작용을 도울 수 있도록 왼쪽 갈래에 종종 V자형의 눈금을 새김	- 약 12~14cm - 비대칭 갈래 모양 - 두 가지의 디저트 도구가 제공되는 격식있는 식사에서는 쓸모없으므로, 약식의 식사에서 사용
	달팽이 포크 (snail fork)		- 껍질에서 달팽이를 꺼내기 쉽도록 두 개의 길고 뾰족한 갈래가 특징	- 격식을 차린 식사에서 달팽이 요리는 껍데기를 손질하고, 버터 소스의 풍미를 살릴 수 있도록 동그랗게 파인 접시에 담아 제공 - 약식의 상차림에서는 달팽이가 껍데기째로 접대되는데, 이때 한 손은 금속 집게나 냅킨으로 감싼 뒤 껍데기를 고정하고, 다른 손으로 달팽이 포크를 이용
공동 도구	카빙 나이프와 포크 (carving knife & fork)		- 프라임 립(prime rib)은 물론, 호박, 수박 등 과일과 야채 등의 조각을 자르는 용도	- 나이프는 30~36cm - 작은 것은 스테이크 세트로 두꺼운 음식을 자르는 데 사용

(계속)

사용 대상	명칭	형태	용도	기타
공동 도구	샐러드 서빙 스푼과 포크 (salads serving spoon & fork)		– 샐러드를 버무려 개인용 접시로 옮겨 담는 용도	– 포크와 스푼은 집게로 사용되는데, 샐러드 또는 파스타를 서빙할 때 처럼 두 가지 도구가 필요한 음식 접대용으로 적합
	서빙 스푼 (serving spoon)		– 튜린 등에서 음식을 옮기는 용도	– 중세 역사가들은 긴 손잡이의 서빙 용구가 청결의 요구에서 비롯되었다고 주장 – 18세기 초까지 조리법의 추세는 수프와 스튜가 주류였고, 필수 도구로 사용
	샌드위치 서버 (sandwi-tch server)		– 페이스트리 서버(pastry server), 파이 서버(pie server)로도 활용 – 접대하기 용이하도록 넓은 가래 모양	– 약 22~30cm
	케이크 서버 (cake server)		– 케이크를 잘라서 개인 접시로 옮길 수 있도록 한쪽 면에 갈래가 있기도 함	– 자른 케이크를 쉽게 뜰 수 있도록 삼각형 날의 모양
	슈가 텅 (sugar tong)		– 설탕을 집고, 들어올리기 위한 용도 – 통 감자, 롤, 페이스트리 와플 같은 음식 서빙용으로 활용	– 텅은 '깨물다' 혹은 '함께 깨무는 사람'이라는 의미의 덩크(denk)에서 유래
	수프 레이들 (soup ladle)		– 크림소스나 수프를 옮겨 담을 때 사용	– 약 17cm
	그레이비 레이들 (grave ladle)		– 서브용 국자 가운데 가장 큰 사이즈	– 오목한 볼의 형태로 충분한 양을 담을 수 있음
	버터 스프래더 (butter spreader)		– 커틀러리 세트 가운데 가장 작음 – 날의 끝은 둥글고, 끝부분으로 갈수록 약간 넓어짐	– 약 12~14cm – 점심식사와 약식의 식사에서는 코스가 간소하므로, 중요한 역할을 담당

커틀러리가 식탁에 등장한 사건은 서양 조리법의 획기적인 발달을 의미한다. 사람들이 식탁에 앉아서 개인용 취식도구를 사용하여 음식물을 섭취하면서부터 결과적으로 다양성이 풍부한 식사가 가능해졌다고 평가할 수 있기 때문이다. 수식시대의 음식은 한 입에 먹기 쉬운 크기로 미리 작게 잘라서 준비되거나, 적당한 크기로 잘 뭉쳐지도록 눌러 만들 수 밖에 없었으므로, 조리법에 있어 제약이 심하였다.

커틀러리의 분류

커틀러리는 사용 대상에 따라 개인도구와 공동의 도구로 나눌 수 있다. 표 2-6은 용도에 따른 커틀러리의 분류표이다.

과학 발달의 혜택으로 새로운 식재료가 끊임없이 등장하고, 기존의 기구 사용으로 인한 불편을 해소하려는 욕구는 특별한 취식도구의 개발로 이어진다. 대표적인 예로 찬 음료용 스푼iced-beverage spoon, 레모네이드lemonade 스푼, 아이스크림 소다 스푼, 아이스 티 스푼iced-tea spoon[24/]을 들 수 있다. 이 스푼들은 커틀러리의 스푼 세트 가운데 작고 오목한 볼과 가장 긴 손잡이의 도구이며, 아이스 티나 아이스 커피처럼 얼음이 담긴 찬 음료 잔에서 설탕을 젓기 위해 사용한다.

캐비아 스푼caviar spoon의 탄생 배경은 17세기 프랑스의 루이Louis 14세와 러시

그림 2-6
커틀러리의 종류별 크기

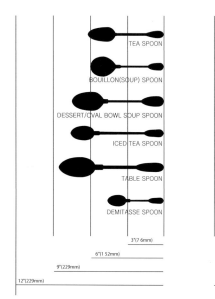

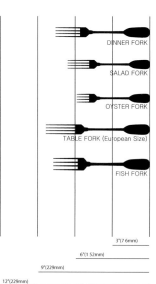

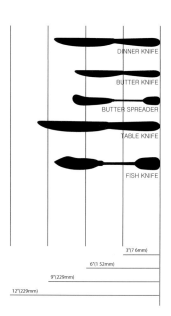

아 황제의 식탁에서 철갑상어 알이 특별 메뉴로 준비되었을 때이다. 캐비아는 금과 은은 물론 기타의 금속과 접촉하면 풍미가 떨어지기 쉬운 특성 때문에, 동물의 뼈나 진주, 조개로 만든 스푼에 담는다.[25]

그림 2–7 **캐비아 스푼**

한편 20세기 후반, 프랑스의 레스토랑에서는 맛있는 소스를 먹기 위해 소스 스푼sauce spoon을 고안하였다. 이 스푼의 발명은 이전에 접시에 담긴 소스를 빵으로 찍어 먹어야 했던 수고를 덜어 주었다. 소스 스푼은 깊이가 없는 접시에서 효과적으로 사용할 수 있도록 볼 부분이 평평하며, 소스를 잘 담을 수 있도록 볼의 한쪽 면에 홈이 파져 있는 것이 특징으로 꼽힌다.

소금 스푼salt spoon은 소금과 유기적인 관계를 맺는다. 18세기의 유럽인들은 크고 훌륭한 홀에서 가족, 손님과 함께 하인의 시중을 받는 것보다 작고 개인적인 방dining room[26]에서 은밀한 식사를 즐기는 것을 선호하였고, 손가락으로 소금을 짚는 대신 작은 스푼으로 뿌리는 행동을 세련화의 증거로 여겼다.

생활양식의 구조적인 변화를 가져온 산업화 이후, 가정에서의 점심식사가 사라졌다. 일터에서 간단히 먹는 식습관의 정착으로 사양길로 접어든 런천 나이프luncheon knife 역시 디너 나이프로 대체되었다. 이 나이프는 길이는 20~22cm 가량으로 런천용 접시의 크기와 균형을 맞춰 제작되었다. 격식, 약식의 식사 모두에 사용하는데, 비교적 무딘 날로 만들어 부드럽게 조리한 음식을 자르는 용으로 적당하다. 현재는 식생활 간소화로 런천의 의미가 사라졌지만, 과거에는 일반적인 식사 형태였다.

테이블 가장자리에서부터
숟가락 3개 정도의 거리

테이블 가장자리에서부터
숟가락 2개 정도의 거리

그림 2–8
커틀러리 놓는 위치

3. 글라스웨어

글라스웨어glassware의 사전적 의미는 유리제품, 유리그릇, 특히 식탁용 유리그릇을 뜻하며 투명함이 특징이다. 테이블 세팅에서 글라스웨어는 음료, 즉 알코올 음료와 비알코올 음료를 담는 용기로써 손잡이가 있는 스템웨어와 손잡이가 없는 텀블러로 구분할 수 있다.

발달 배경

플리니에 따르면, 유리는 기원전 3500년 페니키아 선원들에 의해 우연히 생산되었으며, 유리가 로마에 유입된 것도 이들 페니키아 선원에 의해서였다. 이들은 지중해 주변 국가들과 교역할 때 공급품을 담는 용도로 유리 컨테이너를 사용했던 것으로 알려졌다.

B.C. 50년에 유리를 부는 대롱이 발명되면서 입으로 불어서 만드는 유리의 생산이 가능해졌다. 이 과정은 당시 시리아의 식민지였던 시돈에서 발전되었는데, 유리 제조자는 우묵한 파이프의 끝에서부터 액화된 유리를 불어서 부풀게 했고, 이 방법은 오늘날까지도 이어지고 있다. 유리를 파이프로 부는 방법은 역사상 가장 중요한 획기적인 발명이다. 그것은 부의 축적으로 이어졌고, 저렴하고 실용적인 도구들의 대량생산으로 평민들도 사용할 수 있었다.

중세 초기 동안에 유리제품은 매우 비싼 필수품이었고, 단순하고 조잡한 형태로 만들어졌다. 그 후 이슬람의 유리 제조업자들이 새로운 모양을 만들고, 에나멜로 장식하는 기술을 습득함으로써 중동이 새로운 유리 산업의 중심지가 되었다.

이슬람 유리 제조공들의 업적 가운데 가장 큰 것은 유리제품에 광택이 나도록 한 것이다. 유리의 표면에 금속성 소금을 칠한 다음 가마에 넣어 다시 불을 지피게 되면, 유리는 금속성 물질과 재를 흡수하여 은색이나 금색의 빛을 내는 금속으로 얇게 싸이는데, 이는 보는 각도에 따라 다양한 빛을 띠게 된다.

유럽 유리

14세기경에 베네치아의 숙련공들은 크리스틸로cristallo를 발명하였다. 크리스틸로는 바릴라^{barilla, 소다灰}에 의해 생성되는 노란빛의 갈색 재 때문에 흐릿하게 만들어졌으나, 상대적으로 투명한 유리였다. 크리스털로의 발견으로 베네치아는 사치품인 유리의 주요한 원산지가 되었다. 1454년 베네치아는 유리 제조업자들이 다른 나라로 이민을 가면 사형에 처한다는 내용을 담은 조항을 선포함으로써 독점권을 유지할 수 있었다. 그러나 유리 제조업자들은 뇌물의 유혹에 굴복했고 네덜란드와 영국, 프랑스, 독일, 보헤미아, 오스트리아, 스페인으로 도망쳐 베네치아의 유리 제조기술을 가르쳤다. 그 결과 프랑스어로 '베니스풍'이라는 뜻을 지닌 '파숑 드 베니스'로 불리는 우아하고, 흐르는 듯한 형태의 유리제품을 만들어냈다.

영국 크리스털

조지 라벤스크로프^{George Ravenscroft}는 1673년 베네치아의 크리스털로의 대체물을 찾다가, 플린트 글라스^{flint glass, 납유리}를 발견하였다. 그는 크리스털로의 주요 성분이었던 모래와 소다 재 대신에 납과 재를 태워서 썼다. 그러나 알칼리의 비율이 높아짐으로 인해 생긴 불균형은 '크리즐링^{crizzling}'이라고 불리는 미세한 금의 일종인 유리 찌꺼기를 만들었고, 이것은 유리의 점차적인 파괴를 가져왔다. 라벤스크로프는 납 대신에 모래로 대체했고, 용매제로 산화납을 썼다. 그 결과 1676년에 크리스털로보다 납 크리스털이 투명해졌다.

그림 2-9 **영국의 크리스털**

작은 고블릿
(이탈리아, 16세기)

고블릿
(실레지아, 1850년경)

유리 주전자
(영국, 1880)

아일랜드 크리스털

1745년에 영국은 유리의 무게에 따라 세금을 부과했다. 아일랜드 유리의 제조업에는 세금이 제외되었음에도 불구하고, 아일랜드 유리를 영국으로 수출하는 것이 금지되었다. 그러나 아일랜드와 영국 사이에 자유무역이 1780년에 세워졌고, 이후 5년 동안 유리 공장은 코르크^{Cork}, 벨패스트^{Belfast}, 더블린^{Dublin}, 뉴리^{Newry}, 워터포드^{Waterford}에 설립되었다. 그 공장들은 희미한 블러시 그레이^{blush grey} 색이나 스모키한 톤을 띤 납 크리스털을 생산했다.

미국 유리

미국 유리산업은 악전고투이거나 붕괴의 연속이었고, 18세기 후반 산업화의 시대까지는 뿌리내리지 못했다. 유리산업에 있어서 작은 진전은 19세기 말엽에 이르러 기계화가 산업을 안정시켰고, 20세기에는 세계적으로 유리산업을 이끌었다.

글라스웨어의 종류

글라스류는 테이블에 놓는 식사 중에 제공되는 음료용 글라스와 식전·식후에 제공되는 음료용 글라스로 나누어진다. 테이블용 아이템에는 고블릿^{goblet}, 레드 와인^{red wine}, 화이트 와인^{white wine}, 샴페인 글라스^{champagne glass}, 텀블러^{tumbler} 등이 있다.

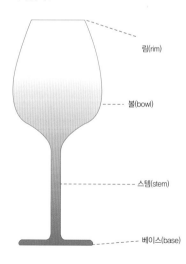

림(rim)

볼(bowl)

스템(stem)

베이스(base)

그림 2-10 **글라스의 부분 명칭**

글라스는 술의 종류에 따라 크기나 형태가 달라진다. 크게 나누면 중간의 손잡이 부분이 가는 줄기처럼 생긴 스템웨어^{stemware}와 위아래의 크기가 비슷하거나 아래로 갈수록 약간 좁아지는 텀블러^{tumbler}가 있다. 보통 스템웨어는 물, 와인, 샴페인, 코냑 등을 마실 때에 쓰며, 텀블러는 칵테일이나 음료수 잔으로 쓴다.

그 밖에 특수한 것으로 리큐르 글라스^{li-queur glass}, 칵테일 글라스^{cocktail glass}, 브랜디 글

라스^{brandy glass}, 위스키의 온 더 락스용^{on the rocks}으로서 올드 패션드 글라스^{old fashioned glass} 등이 있다.

또 식탁용의 유리제품으로서 디켄터^{decanter}나 피처^{pitcher} 등도 있다.

스템웨어 글라스는 볼^{bowl}과 스템^{stem}, 베이스^{base}로 구성된다. 스템웨어의 목적은 물이나 아이스티, 와인 등 차가운 음료를 서브하기 위하여 볼에 담긴 내용물이 데워지지 않고 차갑게 음료를 제공할 수 있도록 해준다.

고블릿^{goblet}은 보통 물을 담을 때 쓰이는 글라스로 튤립형이며, 레드 와인 글라스는 용량이 크고 너비가 넓으며 글라스 입구가 안쪽으로 더 오므라져 있다. 이는 레드 와인의 향기가 밖으로 나가지 못하도록 한 형태이다. 공기의 접촉을 원활하게 하여 보다 높은 향기를 끌어내고 색을 통해 시각적인 검증을 받기 위하여 커다란 글라스를 사용한다. 화이트 와인 글라스는 외부 온도의 영향을 덜 받고 차가운 상태로 와인을 즐길 수 있게 하기 위해 적은 용량의 글라스를 사용한다.

샴페인 글라스 중 소서^{saucer}형은 거품이나 향기를 즐기는 데에는 부적합하지만, 파티에서 한번에 많은 글라스를 운반하기에 편리하고, 안정감 있는 형태이다.

플루트^{flute}형은 샴페인의 거품을 유지하고 향기가 빠져나가지 못하게 하기 위해 입구가 좁다. 브랜디 글라스^{brandy glass}는 몸체 부분이 넓고 글라스의 입구가 좁은 튤립형의 글라스로 나폴레옹 잔이라고도 불린다.

표 2–7
글라스웨어의 종류

명칭	형태	크기	용도
고블릿 (goblet)		300mL	– 물을 담거나, 칵테일 중 롱 드링크에 사용되며 그 밖에 맥주, 비알코올성 음료에 이용
레드와인 글라스 (red wine glass)		180mL~	– 적포도주용으로, 커다란 글라스를 사용 실온으로 마시는 적포도주는 백포도주와 달라서 따뜻해지는 것을 피할 필요가 없음
화이트와인 글라스 (white wine glass)		150mL	– 백포도주용으로 한 번에 적은 양이 들어가는 작은 글라스를 사용

(계속)

명칭	형태	크기	용도
샴페인 글라스 (champagne glass ; saucer)		135mL	– 스파클링 와인(sparkling wine)용으로 파티에서 피라미드 상태로 쌓거나 행사장의 건배용으로 사용
샴페인 글라스 (champagne glass ; flute)		150mL	– 스파클링 와인용으로 거품을 오랫동안 유지하고, 육안으로 기포를 즐길 수 있음
칵테일 글라스 (cocktail glass)		120mL	– 위스키 글라스(whisky glass)라고도 함
브랜디 글라스 (brandy glass)		300mL	– 브랜디용의 향이 밖으로 퍼지지 않도록 하기 위한 것으로 글라스의 크기와는 관계없이 30mL 정도 따르는 것이 일반적임
쉐리 와인 글라스 (sherry wine glass)		90mL	– 쉐리나 포트 와인을 마실 때 주로 사용
리큐르 글라스 (liqueur glass)		50mL	– 식후의 술로 즐기는 리큐어 전용의 글라스로 스트레이트 잔 혹은 코디알(cordial) 글라스라고도 함
필스너 (pilsner)		180mL~	– 맥주용 글라스로서 여러 가지 형태가 있음 가장 널리 사용되는 글라스는 길고 좁은 형태의 글라스
저그 (jug)		500mL	– 맥주용 글라스
텀블러 글라스 (tumbler glass)		200mL~	– 칵테일에 있어서 알코올과 비알코올성을 혼합한 롱 드링크(long drink)나 비알코올성 칵테일, 여러 가지 과일 주스, 청량음료 등의 사용범위가 넓은 글라스 – 하이볼류의 칵테일에 쓰이기 때문에 하이볼 글라스라고도 함

(계속)

NEW TABLE & FOOD COORDINATE

명칭	형태	크기	용도
올드 패션드 글라스 (old fashioned glass)		240mL	- 올드 패션드 칵테일을 비롯하여 각종 온더락 스 스타일의 칵테일과 위스키를 마실 때 사용되는 글라스
샷 글라스 (shot glass)		30mL	- 위스키와 스피릿(spirit) 등을 스트레이트로 마실 때 사용하는 작은 글라스
디캔터 글라스 (decanter glass)	와인용 / 브랜디용 / 위스키용	720mL	- 디캔터는 마개 있는 식탁용 유리병으로, 연대가 오래된 고급 적포도주의 쌓인 침전물을 제거하기 위해 사용

4. 린넨

식사할 때에 사용되는 각종 천류를 총칭하는 말로 식공간에서의 린넨^{linen}27/은 테이블클로스, 언더 클로스, 플레이스 매트, 냅킨, 러너, 도일리 등이 있으며, 테이블 린넨이라고도 한다.

발달 배경

고대의 고사프^{gausape}로 알려진 다용도의 언더 클로스는 한 면은 거칠고 다른 한 면은 부드러운 소재로 만들어졌으며, 소파에서 기댄 자세로 식사하는 로마인들이 냅킨, 수건 또는 시트로 사용하였다. 식탁은 원래 두 개의 가대에 놓이는 판이었고, 덮개는 보드 클로스$^{borde\ cloth}$로, 16세기의 귀족들이 딱딱한 식탁을 사용하기 시작하면서, 그 덮개를 식탁보로 불렀다.

그림 2-11 **린넨**

최초의 냅킨은 스파르타인의 아포마그달리^{apomagdalie}라고 불렀던 밀가루 반죽 덩어리였다. 이 반죽은 작은 조각으로 잘라 식탁에서 말아서 사용했고 이후 손을 닦기 위해서 조각난 빵을 사용하는 방법으로 이어졌다.

고대 로마

고대 로마인은 고사프라는 천을 사용하였는데, 거친 소재와 부드러운 소재의 양면으로 냅킨, 수건, 시트의 다목적 용도로 활용하였다. 이 시기의 부자들은 린넨 보관용 조각수납장을 소유하고 있었다.

고대 로마에서 수다리아^{sudaria}와 마프^{mappe}라고 알려진 냅킨은 크기가 작은 것과 큰 것의 두 종류가 있었다. 그 중 작은 천인 '손수건'이라는 의미의 라틴어 수다리엄^{sudarium}은 주머니 크기의 천으로, 따뜻한 지중해의 기후에서 식사하는 동안 이마의 땀을 닦기 위해 사용되었다. 마파^{mappa}는 누워서 먹는 음식으로부터 옷 등을 보호하기 위해 사용된 긴 의자의 끝 위에 펼친 큰 천이었으며 입을 닦는 데도 사용하였다. 각 손님에게는 개인 마파가 제공되었는데 떠날 때에 연회에서 남은 음식을 마파에 쌌고 이 관습은 오늘날 식당의 '도기 백^{doggy bag}'으로 이어졌다.

15~16세기

15세기 이탈리아의 '라벤나^{ravenna}'는 아름답게 짜인 직물로 제단 장식용이나 수도원의 식사에 사용되었다. 이 시기에는 귀족의 부를 상징하기 위해 실크, 금, 은사로 자수 장식한 실크 식탁보가 등장하였다. 일반적으로는 푸른 줄무늬나 양식화된 무늬로 양끝에 마디가 있는 술 장식의 아마 식탁보를 사용하였다. 단순한 상차림을 보완하기 위하여 르네상스 말기에는 린넨폴드^{linenfold}라는 큰 주름 백색 식탁보를 사용하였는데, 후에 튜터 왕조와 영국 시골 저택, 미국의 대저택에서 사용하였다.

16세기까지 냅킨은 식사를 품위 있게 하는 역할을 하였으며, 여러 크기로 만들어 다양한 행사에 사용되었다. 냅킨이라는 의미의 영어 디아퍼^{diaper}는 작고 반복적인 다이아몬드 모양의 무늬로 짜인 면이나 린넨 천이었다. 서비에트^{serviette}는 식탁에서 사용되는 큰 천이었으며, 서비에트 드 콜라티온^{serviette de collation}은 서서 식사하는 동안 사용되는 더 작은 냅킨으로 오늘날 칵테일 냅킨과 비슷했다. 나무판이나 벽에 걸리는 공용 수건인 투아일^{touaille}은 빵을 담기 위해 식탁 위에 놓거나 제단 위에 장식용으로 사용되었다.

17~19세기

17세기 초는 식탁보가 재산 목록으로 취급되었으며 일반 가정에서는 40개 이하를 소유할 수 있었고, 왕족과 귀족은 사용하지 않는 린넨과 천을 소장할 수 있었다. 고가의 중동에서 만들어진 얇은 식탁용 융단은 초기에는 다마스크 린넨으로 덧씌워 보호하였으나 후에 식탁의 아름다운 장식 무늬를 즐기기 위해 제거되었다. 왕족의 식탁보는 다마스크 린넨으로, 다마스크스 세공으로 짜여진 양면을 모두 쓸 수 있는 실크 또는 린넨 직물이었다. 중세 십자군 전사들에 의해 중동에서 유럽에 소개되었으며, 값비싼 다마스크 린넨의 대용으로 유사품이 사용되기도 했다.

17세기까지 냅킨은 평균 약 87.5cm×12.5cm 크기로 손가락을 사용하여 먹는 사람에게 적당한 크기였다. 냅킨은 테이블클로스 폭의 약 1/3이 일반적이었으나, 귀족이 포크를 사용하면서 냅킨의 사용이 줄어들었다.

18세기 초에는 일시적으로 인도의 '칼리커트^{calicut}'에서 짜인 화려한 무늬로 된 밝은 옥양목을 사용하기도 하였으나, 식탁의 반사되는 표면을 중요하게 여겨 대부분 아무것도 덮지 않은 식탁을 선호하였다. 윤이 나는 자기 제품, 반짝이는 크리스털, 반짝이는 은이 놓여 광택이 나는 식탁은 전기가 없는 시대에 눈을 만족시켜주었다. 산업혁명과 스팀 기계의 발명으로 직물산업이 기계화되면서 18세기 말에 이르러서는 하얀색 테이블클로스가 대량생산되었다.

19세기에는 대량생산된 식탁보에 대한 반대 욕구로 다시 고급의 수공품 식탁보가 등장하였으며, 여러 개의 식탁보를 사용하는 프랑스식 접대, 하나의 식탁보만 사용하는 러시아식 접대, 사고를 대비한 천을 식탁보의 끝에 마련하는 빅토리아식 접대 등 식탁보 사용의 특징이 나타났다.

20세기 이후

20세기는 1960년대 합성섬유의 발전으로 식탁보의 자유로운 사용이 가능해졌으며, 더 이상 꿰매거나 가족의 유물로 물려주는 귀중품이 아닌 소모품으로 간주되었다.

오늘날은 장식적 부속품으로 바^{bar}의 소음을 낮추는 역할도 겸용하게 되었으며, 짚, 대나무, 갈대로 된 부채, 담쟁이 넝쿨과 같은 자연 재료를 사용하는 추세이다. 간소한 식탁은 테이블클로스를 사용하지 않는데, 아무것도 덮지 않는 식탁은 나무, 유리, 대리석, 칠기와 같은 표면 재질의 아름다움이 강조되었다.

오늘날의 냅킨은 크기가 다양하여, 여러 코스를 위한 큰 크기, 간단한 메뉴를 위한 중간 크기, 오후의 차$^{afternoon\ tea}$와 칵테일을 위한 작은 크기 등이 있다.

테이블클로스에는 격이 있다. 테이블클로스는 소재와 색상, 문양에 따라 격이 결정된다. 격이 높은 것부터 살펴보면 소재는 마, 면, 화학섬유, 색상은 백색, 유채색, 문양의 순이며, 이 가운데서서 가장 우선시되는 것은 소재이다.

매트는 테이블 끝부분에 맞추어 놓는다.

린넨의 종류

식공간에서의 린넨의 종류는 언더 클로스, 테이블클로스, 플레이스 매트, 냅킨, 러너, 도일리 등이 있으며, 그 형태, 용도와 소재 등은 표 2-8과 같다.

표 2-8 **린넨의 종류**

명칭	형태	용도	기타
언더 클로스 (under cloth)		– 테이블 클로스를 부드럽게 연출하거나. 미끄럼 방지, 소음 방지 효과를 위해 사용 – 오늘날은 테이블 클로스가 부드럽게 늘어지고 호화스런 모양으로 보이도록 하는데 목적이 있음	– 펠트지, 오래된 모 담요, 솜을 덧댄 비닐 또는 시트를 두 세겹 겹쳐 사용 – 보이지 않는다고 적당히 깔면 세팅 후 테이블 클로스의 효과가 줄어들므로 구김 없이 반듯하게 깜 – 움직이지 않도록 식탁의 뒷면에 핀테이프를 이용하여 고정 – 테이블 크기보다 5~10cm 이내로 테이블 클로스보다 길지 않도록 함
테이블 클로스 (table cloth)		– 테이블 세팅에서 언더클로스 위에 깔아 전체적인 분위기의 중심 역할을 하며, 색상, 무늬, 디자인에 따라 다양한 분위기 연출 – 크게 약식과 정식으로 나눌 때 엷은 색에서 짙은 색일수록, 체크나 줄무늬의 크기가 커질수록 약식의 성격을 표현 – 클로스 직조의 올이 가늘수록 정찬용이고, 굵고 두꺼울수록 약식의 식탁을 연출 – 정찬에서는 흰색이 원칙이나 파스텔 톤이 선호되며 다양한 무늬나 짙은 색으로 독특한 개성 연출	– 린넨[28]이 가장 격식 있는 소재이며 면, 폴리에스테르, 옥사블, 비닐 등은 캐주얼한 분위기 연출 – 더블 테이블 클로스는 두 장을 엇갈려 연출하는 경우로 위의 것만을 세탁하면 되므로 실용적이며 색과 무늬를 다양하게 할 수 있어 경제적임 – 현재 레스토랑이나 호텔 등에서 많이 사용되고 있는 클로스는 면 100%나 면과 마의 혼방 – 최근에는 다루기 편리한 소재의 클로스를 사용 – 일반적으로 테이블 크기보다 30~50cm 큰 것을 사용 – 정찬에서는 테이블 끝에서 바닥으로 50cm 정도 늘어뜨림 – 뷔페식당이나 연회식탁에서는 바닥까지 늘어뜨림

(계속)

명칭	형태	용도	기타
플레이스 매트 (place mat)[29/]		- 테이블 세팅에서 독창성과 옆 좌석과의 분리감을 줌 - 많은 테이블 웨어가 놓이는 식탁에서는 일반적으로 사용하지 않고 10명 미만에 제공하여 팔꿈치를 놓을 자리를 확보 - 작은 플레이스 매트는 복잡한 식탁에서 공간을 여유 있어 보이게 하고, 뜨거운 것의 패드 역할을 하며, 식탁 위의 아름다움을 강조	- 정찬용에서는 보통 사용하지 않으나 자수, 레이스, 린넨 등으로 연출한 매트는 우아한 분위기를 표현하며, 다양한 소재, 색상, 모양으로 캐주얼한 분위기를 연출 - 세팅을 할 때는 되도록 글라스까지 매트 안에 들어올 수 있도록 하고 테이블 클로스 위에 배치하는 경우는 테이블 클로스의 색, 식기의 색과의 조화를 생각해 플레이스 매트의 색과 모양을 정함 - 테이블 클로스, 식기의 색, 모양 등의 부조화시 매트가 융화시키는 역할을 함
냅킨 (napkin)		- 우리나라의 식생활에서는 품위 있는 식사에만 사용 - 생활수준의 향상에 따라 사용빈도가 높아짐 - 식탁 위에서 장식의 효과를 내나 정식에서는 직접 입가의 더러운 것을 닦는 용도로 청결해야 하므로 장식용 접기는 피함	- 테이블 클로스와 같은 소재를 선택하며, 식기의 색에 맞추어 색과 소재를 선택하기도 함 - 식사의 형태에 맞춰서 냅킨의 크기를 정함 - 접은 냅킨은 데커레이션으로 반드시 해야 하는 것은 아니나 전체적인 식탁 위의 균형을 위해 높이를 조절하지만 일반적으로는 단순하게 연출
러너 (runner)		- 테이블 러너는 식탁보의 윗면이나 아무것도 없는 식탁 위에 놓이는 좁고 긴 원단으로 초기에는 오염에서 식탁보를 보호하기 위해 같은 원단으로 만들어 사용 - 오늘날의 테이블 러너는 자유롭게 연출하며, 식탁 중앙 아래에 장식을 위해 혹은 자리를 제한하기 위해서 식탁을 가로질러 놓거나, 테마를 전달하기 위해서 사용	- 실크는 호화로운 분위기를, 무늬를 넣은 식탁용 양탄자인 태피스트리는 정통적인 차림을, 레이스는 전원풍의 분위기를 연출 - 무늬가 있는 테이블 클로스에는 무늬가 없는 러너를, 무늬가 없는 테이블 클로스에는 무늬가 있는 것이 잘 어울림 - 식탁보보다 취급하기가 쉽고, 플레이스 매트보다 약간 더 장식적임
도일리 (doily)		- 접시 위, 겹쳐진 자기나 칠기 사이에 놓아 접시와 접시 사이의 마찰이나 부딪치는 소리를 방지	- 레이스나 자수로 되어 있음 - 도기나 칠기 등의 위에 도일리를 깔아 사용

5. 센터피스

테이블 중앙의 퍼블릭 스페이스^{public space}에 장식하는 물건이나 꽃을 총칭하여 센터피스^{centerpiece}라 부르며, 프랑스어로 미류 드 타블^{milieu de table}로 비교적 큰 형태의 장식을 지칭한다.

센터피스의 역할에 있어서 소재는 그 계절의 느낌을 살릴 수 있어야 하며, 일정한 높이보다는 높낮이를 줌으로써 역동감을 주는 것이 좋다. 그리고 안정된 느낌으로 식탁의 분위기를 살릴 수 있어야 한다.

대부분의 경우 생화를 사용하나, 과일이나 채소로 응용한 것을 사용하여 개성적인 형태, 향기를 느낄 수 있다. 예를 들어 유리제품에는 건조 파스타나 향신료를 넣고 꽃과 조화를 이루게 한다든지, 저녁식사에는 캔들과 캔들 스탠드로 장식한다. 또는 꽃과 캔들을 같이 응용하여 사용하기도 한다. 캔들의 높이나 스탠드의 소재에 따라 격식을 표현하기도 한다.

발달 배경

역사적으로 센터피스는 러시아에서 식습관에 따라 중앙 공간을 채우기 위한 목적이었다. 당시 귀중한 향신료나 조미료 등을 식탁 중앙에 장식함으로써 재력의 과시와 부의 상징으로 그 역할을 하였으며, 귀한 향신료인 소금, 후추, 설탕 그리고 포도나 오렌지 등을 그릇에 담아 장식하였다.

당시 프랑스에서 사용되었던 센터피스로는 뚜껑이 있는 수프볼인 수피에르^{soupiére}, 촛대인 샹들리에 등의 호화로운 것들이 많았으며 일반적으로는 채소들을 담은 그릇, 사기로 만든 귀여운 인형이나 작은 새, 향신료가 들어 있는 네프 스탠드^{nef stand} 등이 있다.

피기어^{figure} 혹은 피겨린^{figurine}은 금속이나 도기 등의 작은 입상이나 조각상을 말하며, 식사의 화제나 계절감을 표현하는데, 식탁에서의 대화를 자연스럽게 유도하여 손님과 호스트 사이에서 대화의 소재를 만드는 장식물이다.

그림 2-12 **여러 종류의 센터피스**

센터피스의 종류

테이블 위에 놓이는 센터피스와 피기어의 종류는 다양하며 센터피스로 꽃이 사용될 경우 센터피스가 차지하는 범위는 일반적으로 테이블의 1/9을 넘지 않는 범위 내에서 대화에 방해가 되지 않는 높이, 즉 마주 앉은 상대가 가려지지 않는 높이가 적당하다. 피기어는 식기나 글라스, 커틀러리 이외의 식사에 관련된 것과, 도자기, 은제품, 크리스털로 만든 꽃이나 동물, 작은 새 등의 작은 장식품으로 식사에 전혀 관련되지 않는 것들도 있다.

네프 nef

14세기경 궁에 등장한 선박 모양의 용기로 식탁에 처음 등장하였다. 당시에는 소금을 넣는 통으로 사용하였으며 이 네프가 놓인 장소를 경계로 상석, 하석으로 나눠지기도 하였다. 그 후 향신료를 넣거나 자물쇠를 채워 왕후귀족들이 사용할 커틀러리를 넣어두거나, 간단한 냅킨 등을 넣는 등 그 사용방법도 변화되었다.

17세기 이후 네프는 본래의 성격에서 벗어나 호화롭고 화려한 장식적 요소가 상당히 강한 센터피스로서 식탁에 있어 최고로 중요한 '권력의 자리'를 상징하는 것으로 발전하였다.

결국, 나폴레옹 1세 시대[1804~1815], 네프는 그 정점에 달했으며 초호화로운 물건이 되었다. 그 후 자연스럽게 식탁에서 자취를 감추고, 18세기경부터 식탁 위에 슈르투[surtout]라 불리는 물건이 센터피스로 등장하였다. 이것은 네프에 비해 실용적이며 향신료를 넣거나 캔들 스탠드, 과자 케이스 등 하나의 피스로 다양한 역할을 하였다.

그림 2-13 **네프와 네임 카드 스탠드**

네임 카드 또는 네임 카드 스탠드 name card or name card stand

손님이 앉아야 될 자리를 정해 두어야 할 때 사용된다. 가족이나 적은 인원이 착석한 경우라도 카드 스탠드를 사용하면 색다른 즐거움을 주기도 한다. 카드 대신에 식물의 잎을 사용하여 매직펜으로 이름을 기입하거나 과일이나 채소를 카드 스탠드로 이용해도 좋다.

냅킨 홀더 napkin holder

냅친 홀더는 냅킨을 고정하기 위한 도구로 냅킨링napkin rings이라고도 한다. 가족들의 식사에서 냅킨은 자신의 머리글자를 표시한 냅킨 홀더에 넣어 사용되었으며 주로 은으로 만들었다. 원래의 목적은 냅킨을 다시 사용할 수 있도록 구분하는 목적으로 만들어졌다.

오늘날 약식에서는 세팅의 장식적인 효과로 은이나 목재, 색상, 형태의 다양함으로 자주 사용되고 있다. 리본이나 생화, 솔방울을 이용하여 독창적인 것을 사용하여도 좋다. 격식 있는 식사에서는 일반적으로 사용하지 않는다.

그림 2–14 **냅킨 홀더**

솔트 셀러와 솔트 셰이커 salt cellar & salt shaker

격식 있는 식사와 약식에서 다르게 사용된다. 소금이 솔트 셀러 안에 들어 있을 때에는 소금 스푼으로 음식에 뿌리고 들어 있지 않을 때에는 손가락으로 집어서 음식에 뿌린다.

솔트 셰이커는 원래 솔트 셀러 안에서 소금이 눅눅해지는 것을 막기 위해 만

〉
그림 2-15 **솔트 셀러와 솔트 셰이커**

〉〉
그림 2-16 **솔트 밀과 페퍼 밀**

들어졌으며 이러한 용기는 약식에서만 사용된다.

대부분의 사람들은 후추보다 소금을 더 많이 사용하므로 페퍼 셰이커보다 오른손에 더 가까운 위치에 놓는다.

페퍼 밀 pepper mill

페퍼 밀은 후추를 갈아주는 용기로 격식 있는 식사나 약식에 모두 적당하다. 은이나 크리스털 페퍼 밀은 호화로운 식사에 적당하고 나무나 아크릴, 에나멜, 도기, 자기 같은 재질은 약식의 식사에 적당하다. 솔트 셰이커와 페퍼 셰이커는 같이 세팅되지만, 페퍼 밀은 단독으로 세팅한다.

레스트 rest

테이블 위에 커틀러리를 세팅할 때 사용되는 도구로 격식 있는 식사에서는 가급적 피해서 사용된다. 캐주얼한 테이블 세팅에 주로 많이 사용되며, 주문한 요

그림 2-17 **레스트**

리가 끝날 때까지 같은 커틀러리를 사용할 수 있는 장점으로 런천 세팅에 많이 사용된다.

캔들과 캔들 스탠드 candle & candle stand

캔들링을 한다는 것은 식사를 곧 시작한다는 의미로 주로 서양식 상차림에 많이 사용하고 있다. 사용 시 유의점은 식사 중에 초가 녹아 없어지지 않도록 2시간 이상 사용할 수 있는 것을 선택하도록 한다.

초를 밝힘으로써 공기의 입자가 팽창됨에 따라 음식의 잡내와 소음을 줄일 수 있다. 테이블의 크기에 따른 초의 개수는 정해져 있지 않다.

클로스 웨이트 cloth weight

테이블클로스의 사방에 무게 있는 장식품을 사용함으로써 테이블클로스가 움직이는 것을 방지한다. 특히 야외의 세팅에서는 바람에 흩날리는 것을 방지하기 위해 반드시 필요하다.

그림 2-18 **캔들과 캔들 스탠드**

〈
그림 2-19 **클로스 웨이트**

《
그림 2-20 **클로스 웨이트를 단
테이블클로스**

식탁화 연출 table flower arrangement

식탁에 장식하는 센터피스로 화기나 오아시스에 꽂는 것만이 식탁화가 아니라 식기나 클로스에 직접 꽂이나 녹색의 잎사귀를 장식하는 것, 또는 테이블에 꽃잎을 뿌리는 것 등도 플라워 어레인지먼트에 속한다.

꽃의 형태와 역할

라인 플라워 line flower

- **특징_** 별명 스파이크 타입, 한 가지에 길고 가늘게 꽃이 붙어 있다. 줄기에 운동감이 있어 확장 효과가 크다.
- **역할_** 아우트라인을 꾸며 어레인지먼트의 바깥선을 강조한다. 보는 사람의 시선을 중심으로 이끌고 간다.
- **대표적인 꽃_** 글라디올러스, 용담, 개나리, 금어초, 보리, 스톡^{stock}

매스 플라워 mass flower

- **특징_** 별명 라운드 타입, 둥글고 볼륨이 있는 꽃, 작은 꽃이나 다수의 꽃잎이 모여 한 덩어리의 꽃을 이루고 있다. 꽃잎이 몇 장 떨어져도 전체적인 형태는 변하지 않는다. 주로 줄기 하나에 꽃이 한 송이 붙어 있다.
- **역할_** 어레인지먼트의 중심을 이룬다. 전체적인 골격을 만들며, 보는 이의 시선을 중심으로 이끌고 간다. 어레인지먼트의 흐름을 만든다.
- **대표적인 꽃_** 카네이션^{carnation}, 마리골드^{marigold}, 장미, 수국, 국화, 아네모네^{anemone}, 거베라^{gerbera}, 마가레트^{magarete}

필러 플라워 filler flower

- **특징_** 하나의 줄기에 또 많은 작은 줄기가 달려 거기에 작은 꽃이 많이 붙어 있는 것으로 풍성한 느낌을 준다.
- **역할_** 라인 플라워나 매스 플라워의 조화를 돕고 어레인지먼트의 빈 공간을 없애주고, 꽃과 꽃을 연결하는 역할을 한다. 전체적인 이미지를 부드럽게 한다. 어레인지먼트의 단점을 보완하며 전체에 볼륨을 내는 효과가 있다.
- **대표적인 꽃_** 안개꽃, 미모사, 작은 국화

폼 플라워 form flower

- **특징_** 꽃의 형태가 확실한 개성적인 꽃이 많다. 어느 쪽에서 봐도 그 모양이 달라 개성적이고 아름답다. 다른 형태의 꽃들보다 돋보이게 어레인지한다.
- **역할_** 어레인지먼트의 중심부분을 이룬다. 역동적인 느낌을 준다.
- **대표적인 꽃_** 난, 호접난, 카트레아^{cattleya}, 아이리스^{iris}, 카라^{cara}, 백합

식탁화 기본 스타일

돔형 dome style

볼을 반으로 자른 형태로 귀여운 느낌의 어레인지먼트이다.

 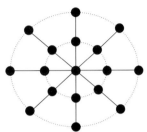

다이아몬드형 diamond style

어떤 각도에서 보아도 다이아몬드의 형태를 가지고 있으며, 특히 측면이 부채
꼴이 되도록 꽂는다. 주로 주빈 좌석에 놓여진다.

 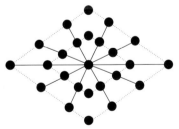

프론트 페이싱형 front faceing style

가장 기본적인 형태, 삼각형 변의 길이를 바꾸는 것으로 여러 가지 스타일을 즐길 수 있는 어레인지먼트이다. 행사장 공간의 코너에 놓여진다.

 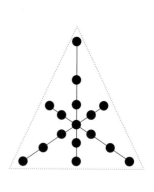

호리존탈형 horizontal style

옆으로 퍼지는 형태로 똑바른 줄기를 직선으로 꽂는 스타일이며, 개성적인 테이블 위를 장식하는 데 최적의 형태이다.

 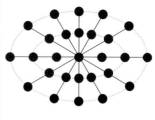

주

1/ 하얀 석유(錫釉, 불투명유)로 그려진 파란 문양의 도기로 중국의 청화자기(靑華磁器)를 본 따 만들어진 후, 17세기 유럽 시장 전역으로 널리 전파되었다.

2/ 이탈리아 마욜리카 도기의 영향을 받아 16세기 이후 알프스 이북에서 소성(燒成)된 연질의 주석유약 색 그림 도기의 총칭이다. 명칭은 15~16세기 이탈리아 마욜리카 생산 최대의 요장(窯場) 파엔차에서 유래했다.

3/ 주석과 납 등의 합금이다.

4/ 식사하는 사람에게 할애되는 개인 공간(personal space)으로 테이블웨어가 놓여진다.

5/ 디너(dinner)보다 가볍고 간단한 식사이다.

6/ 17세기까지 사람들 대부분은 손으로 식사를 했고, 세정식(ablution)은 식사의 중요한 부분이었다. 유어(ewer)라 불리는 크고 좁은 단지에 허브나 꽃으로 향을 낸 따뜻한 물을 부어 손을 씻었으며, 용기는 독에 오염되면 색이 변한다고 믿어지는 물질인 마노나 물소의 뼈로 만들어지기도 했다. 그러나 17세기 유럽의 귀족들이 포크를 사용하면서부터 손을 씻는 관행이 줄어들기 시작하였다.

7/ 치즈에 빵 부스러기, 달걀 등을 섞어 구운 것이다.

8/ 커스타드(custard), 플랜(flan ; 치즈, 크림, 과일 따위를 넣은 파이), 크렘 브륄레(creme brulee ; 크림, 계란, 사탕으로 만든 과자), 또는 수플레(souffle ; 달걀흰자 위에 우유를 섞어 구어 만든 요리) 등이 있다.

9/ '둥근 용기'라는 의미의 앵글로색슨어'bolla'에서 유래되었다.

10/ 뚜껑이 있고 손잡이가 달린 큰 잔이다.

11/ 산스크리트어로'우물'이라는 의미의'kupa'와 라틴어'통'이라는 의미의'cupa'에서 유래되었다.

12/ 원래 중세에 사용되었던 용기인 캔(can)과 탱커드(tankard)에서 유래된다. 17세기부터 19세기까지 은으로 된 머그는 세례식 선물로 유행하였으며, 열을 보존하기 위해서 컵보다 더 크게 만들어졌다.

13/ 커피는 이른 아침부터 늦은 저녁까지 내는 음료로, 컵의 크기는 마시는 시간대와 강도에 따라 결정된다. 상쾌한 맛과 약한 농도의 커피는 큰 컵에 나오고, 강한 맛과 진한 농도의 커피는 여러 코스의 식사에 따르는 소화제 역할로서 작은 컵을 사용한다.

14/ '대접한다'는 의미의 라틴어'servire'와'특별한 제품'이라는 의미의 앵글로색슨어 'waru'에서 유래되었다.

15/ '나무로 만든 판자'라는 의미의 앵글로색슨어'treg'에서 유래되었다.

16/ 프랑스의'G. C. Marshall Tureen'에서 기인하며, 그는 전쟁의 소강기간 동안 스프를 담기 위해서 헬멧을 사용하였다. 찰스 2세 시대, 스프가 식탁에서 큰 볼(bowl)에 접대되던 시기에 튜린이 영국에 소개되었다.

17/ 스프 등을 담는 뚜껑 달린 움푹한 그릇이다.

18/ 또는 플랫웨어(flatware)라고 부르기도 한다.

19/ 서양에는 스푼에 관한 비유들이 많은데, '은수저를 물고 태어나다(Born with a silver spoon in one's mouth)'는 유복한 집에서

태어난 것을 의미하고, 나무 스푼은 가난한 집안을 의미한다.

20/ 13세기, 궁정매너에 관한 탄호이저의 시에서 '그릇에 입을 대고 마시는 것은 점잖지 못하다'라며 '품위를 지키려면 다른 사람과 함께 식사할 때 스푼 소리를 내지 마라'고 권고하였다. 이처럼 수프 스푼을 중요하게 거론하는 이유는 유럽의 음식 문화에서 수프가 차지하는 중요도 때문이다. 중세 유럽의 생산 체제 내에서 잡곡이 지배적인 역할을 차지한다는 사실은 대부분의 사람들의 음식체제 내에서 폴렌타, 죽, 수프가 중심축의 역할을 한다는 의미이다. 유럽인들은 로마시대부터 8, 9세기경까지 냄비에 재료와 물을 넣고, 끓여서 재료가 부드러워지고, 국물이 충분히 우러나면 국물과 건더기를 함께 먹었다. 고기, 채소와 국물을 각각 따로 먹게 된 것은 18세기 이후부터였다.

21/ 감귤류(citrus)는 탱자속, 감귤속, 금감속의 3속에 속하는 식물로 밀감류라고도 하는데, 시트론, 레몬, 금감, 귤이 여기에 속한다. 시트론(citron)은 인도 히말라야 동부가 원산지이며 열대성으로 내한성이 약하다. 신맛이 강해 생식에 적당하지 못하므로, 설탕과 가공하거나 음료의 재료, 구연산(枸木?酸)의 재료로 이용하고, 건과(乾果)는 한약으로 이용한다. 금감(金柑)은 중국 원산으로 나무가 작고, 과실도 대추만하다. 꽃은 사철 내내 피나, 품종에 따라 약간 다르다. 과피는 매끄럽고, 달며 향기가 강하나 과육은 신맛이 강하다.

22/ 에티켓을 체계화한 에밀리 로코코(Emily Rocco)는 1885년에 생선용 나이프의 스틸날이 접촉으로 인한 변색으로 풍미를 손상시킬 수 있다는 주장에 반박하면서, '철(iron)로 만든 나이프 사용은 기피하면서 철로 만든 포크를 사용하는 것은 납득하기 힘들다'고 주장하였다. 페르디난트 요체비츠(Ferdinant Jozewicz)도 1884년에 발간한 에티켓 책에서 마찬가지의 논지를 밝힌 바 있다.

23/ 커틀러리는 컨티넨탈(Continental)식과 미국(America)식이 있는데, 미국식 사이즈는 플레이스 사이즈(place size)라고도 한다.

24/ 아이스 티 스푼은 유럽보다는 미국에서 사랑받는 품목이다. 미국의 무더운 날씨에 유럽 북부에서의 이민(移民)이 얼음이나 찬 음료수를 원했던 이유였다.

25/ 캐비아는 철갑상어의 알을 뜻하는 터키어의 '카비아'에서 유래되었다.

26/ 17세기 이전에 다이닝 룸은 존재하지 않았고, 19세기가 되어서야 유행하였다.

27/ 마(麻)는 인류 역사가 시작되면서부터 섬유재료로 이용되어 왔으며, 17세기 산업 혁명이 일어나기 전에는 면보다 더 보편적인 섬유였다. 마(麻) 섬유는 거칠고 길다는 공통점을 가지고 있다. 그 중에서 삼베, 아마, 모시, 황마와 같이 비교적 유연한 것은 '연질마'라 하고 마닐라 삼, 시살 삼과 같이 거친 것은 '경질마'라 한다. 마(麻) 섬유는 합성 섬유가 출현하기 전까지는 로프, 이망, 돛, 공업용포장재 등의 재료로 주로 쓰였는데, 지금은 여름용 의류로 인기가 있다. 마를 재료로 한 섬유는 크게 줄기 섬유(삼베(대마), 아마(린넨사), 저마(모시), 황마), 잎 섬유(마닐라 삼, 시살 삼, 뉴질랜드 삼, 알로에 섬유, 파인애플 섬유), 과일 섬유(야자 섬유; 코이어)로 나뉜다.

28/ 린넨 소재의 테이블 클로스는 최고급품으로 그 기품과 품격은 정찬의 식탁에서 빠질 수 없는 것이다. 린넨은 얼룩이 쉽게 지워지고 세균의 번식이 어렵다는 장점이 있으나 형태가 변하거나 잘 구겨지고 취급이 불편하며 값이 너무 비싸다는 것이 흠이다. 다마스크(damask) 직물은 테이블클로스에 짜 넣은 무늬를 말하며 꽃 모양, 가문의 문양, 레스토랑의 마크 등의 무늬와 함께 좋은 광택을 즐길 수 있으며 오간디(organdy)는 빳빳하나 얇고 가벼운 직물을 말한다.

29/ 플레이스 매트는 17세기에 영국의 포목장사 도일리(Doyley)에 의해 발명되었는데, 보울을 두기 위해서 작은 린넨으로 안감을 댔다. 1906년에 출간된 에티켓 설명서는 플레이스 매트가 식탁보를 깨끗하게 해주기 때문에 편리하다고 하였다. 오늘날 플레이스 매트는 격식 있는 점심식사와 약식의 정찬에서 사용된다. 급히 식사를 하거나 다른 시간에 식사하는 가족에게 또는 아직 식탁을 선택하지 않고, 식탁보를 필요로 하지 않은 젊은 주부에게 적당하다.

NEW TABLE & FOOD COORDINATE

3

서양
식공간
변천사

3 서양 식공간 변천사

인류 최초로 불을 사용하여 음식을 익혀 먹은 일이 문화의 시발점으로 여겨질 정도로 식탁의 역사는 인류사 그 자체라고 할 수 있다.

인간의 의식주 중에 가장 본원적인 식생활과 시대별 식공간의 변천사는 오늘날의 식탁에 중요한 지표가 될 것이다.

1. 고대

그리스 시대 Greece, BC 2000~AD 30

시대적 배경

그리스는 발칸 반도의 동남부를 차지하는 육지와 에게해, 이오니아해에 흩어져 있는 많은 섬으로 이루어져 있으며 일찍부터 해외로 진출하여 식민지를 건설함으로써, 지중해 일대가 하나의 역사적 세계로 형성될 기반을 조성하였다.

그리스 철학의 중심 사상은 인간의 존엄성을 중요시하였으며, 건축에서는 균형을 강조하였다. 전체적으로는 조화와 질서를 통한 합리주의가 지배적이었다.

그리스 시대의 식공간

호메로스 시대의 그리스인들은 손님에 대한 환대와 극진한 대접을 중요시하였으며 기원전 7세기경 그리스의 대저택에서는 화려한 연회가 자주 열렸고, 남자들만 참석이 가능하였다. 이때 사용되는 장소는 주로 메가론^{megaron}이라 부르는 홀이었다.

시종들은 식사 시간이 거의 임박했을 즈음 식사하는 사람들 앞에 여러 개의 식탁과 술잔, 빵바구니 등을 가져다 놓았다.

당시의 식탁 위에는 포크가 없었으며, 초대된 사람들은 신분에 관계없이 모

그림 3-1 **그리스 시대의 식공간**^{1/}

자료 : 이성우 외, 《식과 요리의 세계사 》, 1991, p.24

두 손으로 음식을 먹었다. 접시도 없었으며 둥근 모양의 받침대가 놓였다. 그리고 고기를 먹기 위한 칼과 퓌레 종류를 먹기 위해 화려한 손잡이가 달린 스푼, 나무나 금속으로 만든 사발이 전부였다.

부유층의 식사는 빵과 수프를 곁들인 주식과 고급의 생선요리, 고기와 과일까지 갖춰 매우 사치스러웠다. 이에 반해 서민들의 식생활은 상대적으로 매우 빈곤하였다.

로마 시대 Rome, BC 510~AD 476

시대적 배경

아펜니노 산맥에서 발원하는 테베레 강에 면하고 있으며 B.C. 6세기에는 귀족에 의한 공화제를 실시함으로써 고대 로마 국가의 중심이 될 기초를 닦았다. 962년 신성로마제국의 성립으로 로마는 형식적으로는 서유럽 그리스도교 세계의 중심지가 되었다.

로마 시대의 식공간

로마의 육식문화는 주로 지배층에 한정된 것이며, 서민들은 폴렌타^{polenta}라는 곡물죽이나 빵으로 연명했다.

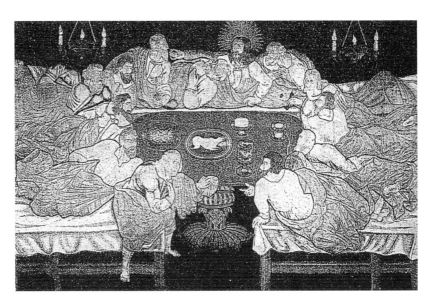

그림 3-2 **로마 시대의 만찬**
자료 : 丸山洋子, 《テーブルコーディネート》, 2000, p.25

로마인의 식사나 요리 방식의 기본적인 특징은 그리스인과 마찬가지로 여전히 포크를 사용하지 않고 손으로 음식을 집어먹었다.

로마인은 대체로 하루에 두 끼를 먹었으며 아침식사는 매우 간단히 하였다. 마늘 바른 빵을 포도주에 살짝 적셔 먹거나, 부유층은 달걀과 꿀, 치즈와 과일을 먹었다. 하루 중 가장 식사다운 식사는 목욕을 마친 오후의 끝 무렵부터 시작되었으며 대략 1시간 정도 걸렸다.

손님을 초대한 경우에는 식사시간도 길어지고 음식의 양도 보통 때와 비교할 수 없을 정도로 많았으며 적어도 일곱 번 상을 차렸다고 한다.

대개 연회에 참석한 사람은 가벼운 옷차림에 신을 벗는 경우가 많았고, 노예들은 손님들을 씻기기 위해 향기나는 물병을 들고 있었다.

연회용 테이블은 사각의 작은 형태로 3개의 짧은 다리가 붙어 있는 것을 사용하였으며 이러한 테이블에 음식을 세팅하여 테이블을 그대로 옮기는 형태를 취했으며 식사가 끝난 후에는 다시 테이블을 치웠다.

손님들은 저마다 네모난 테이블 옆에 경사진 침대, 즉 3인용 트리클리니움 triclinium 위에 누웠다. 나무나 금속으로 만들어진 트리클리니움은 현란한 장식이 되어 있고, 편안함을 도모하기 위해 폭신한 쿠션이나 베개가 갖추어져 있다. 오늘날 이탈리아인의 점심시간이 긴 이유도 이러한 전통이 남아 있기 때문이다.

그러나 식사 때 눕는 자세는 일종의 사회적 특권을 의미했다. 아이들과 노예, 그리고 지방의 촌민들은 앉아서 밥을 먹었다.

또한 이 시대는 관능을 자극하는 농염한 무희들의 호색적인 춤과 상차림이 끝날 때마다 막간극으로 악기연주, 곡예, 흥겨운 놀이나 묘기 등이 있었으며 이러한 관행은 중세로 이어졌다.

손님들은 각자 냅킨을 지참하여 음식 때문에 더러워진 손을 닦고 각각의 음식 코스마다 새것으로 바꿔가며 사용하였으며, 남은 음식을 냅킨에 싸서 가져갈 수 있는 용도로도 사용하였다. 18세기 중엽에 발견된 폼페이의 벽화에는 유리로 만든 컵이나 볼, 은으로 만든 잔이나 스푼 등이 그려져 있어, 당시에 이러한 식기류가 식탁에서 사용되었음을 알 수 있다.

2. 중세

르네상스 시대 Renaissance, 476~1453

시대적 배경

르네상스는 재생[rebirth]을 의미하는 이탈리아어 리나쉬멘토[rinascimento]에서 유래된 명칭으로 중세에서 근대로 넘어가는 서구사에서 과도기적인 시기에 일어난 문예부흥이다. 14세기 이탈리아의 피렌체에서 시작하여 15, 16세기까지 유럽을 휩쓴 이 운동은 중세 교회생활에 회의를 느끼면서 고대 그리스·로마 문화를 부활시키려는 목적으로 전개되었다. 새로운 세계와 인간을 발견하려는 혁신적 의미를 포함하는 운동으로, 개성을 존중하며 과학과 휴머니즘[humanism]을 표방하는 인문주의가 탄생하였다. 문화의 전성을 가져오게 한 르네상스는 근대사상의 기초를 이루는 역사의 전환점을 마련하였다.

르네상스 시대의 식공간

상류층의 저택에서는 '식탁의 르네상스'라고 일컬어질 만큼 현란한 식도락 문화가 꽃을 피우게 되었다. 요리는 단지 허기를 채우는 음식이 아니라 '진정한 예술'이 되었다. 프랑스에 시집온 메디치가의 카트린느[Catherine de Medichi]는 소문난 대식가이며 미식가였다. 그녀는 프랑스 궁정예절이나 식사예법을 모두 우아한 '이탈리아식'으로 고쳤다. 그러나 요리 내용물이 구체적으로 변화했다기보다는, 아름다운 도기나 우아한 포크의 사용 등 식탁에서 쓰이는 도구나 장식물 및 식탁예절이 훨씬 정교하고 복잡해졌다는 것을 의미한다. 또한 높이 추앙을 받던 대식 습관이나 많은 양에 대한 집착은 음식의 질적, 심미적 추구로 바뀌었다. 그리하여 식탐가[gourmand]는 사라지고, 미식을 즐기는 식도락가[gourmet]가 등장하게 되었다.

16세기 식사 양식의 특징은 식사 뒤에 나오는 과일이나 단것을 주체로 한 '코라시온'이었다. 설탕 절임한 과일, 건조과일, 생과일, 단 비스킷 등을 수북히 담아 내는 식사 양식이었다. 각각의 식사과정은 많은 요리들로 구성되었다. 이러한 요리의 대부분은 식탁 위에 놓은 채로 각자 자유로이 가져다 먹었다. 식탁 위의 요리 그릇수는 대략 손님[diner]의 수에 비례하였다. 그러므로 6~8명의 경우

그림 3-3 **르네상스 시대의 식공간**
자료 : 김복례, 《프랑스가 들려주는
이야기》, 1998, p.71

7가지 요리를 선택할 수 있었으며, 10~12명의 경우 9가지 요리, 14~18명의 경우 11가지 요리 등을 먹을 수 있었다.

식사하는 사람이 지극히 적은 경우가 아니라면 개인의 컵을 놓을 수 없었다. 음료를 마시고 싶은 사람은 컵 담당 하인에게 신호를 보내고, 하인은 식기 선반에서 컵을 꺼내 음료를 채워 그 사람에게로 가져갔다. 다 마시면 컵을 닦아서 다시 식기 선반에 올려놓았다. 보통 귀족계급의 사람들은 다른 사람의 집에도 자기 하인을 데리고 가서 그 하인에게 자신의 시중을 들게 하였다. 하인들의 임무는 그들의 주인이 좋아하는 음식을 먹을 수 있도록 배려하는 일이었다.

식탁은 주택의 가장 큰 홀에서 사용되었다. 당시의 식탁은 많은 사람이 둘러앉기 위해 매우 길고 육중하였으며, 식사가 끝나면 치워놓을 수 있도록 받침대^{trestle} 위에 상판을 올려놓는 조립식 형태로 이루어졌다. 그 위를 세장의 천으로 식탁의 양쪽 끝과 중간에 한 장씩 덮어서 각각 손님이 앉는 측의 지면에 닿지 않을 정도로 늘어뜨린 후 의자와 식기 선반을 적당히 배치하였다. 식사할 사람들이 손을 씻은 후 주인과 초대 손님들이 먼저 자리에 앉은 다음, 마지막으로 남은 가족들이 지위순서로 앉았다. 전원이 착석하고 나면 우선 소금이 식탁 위에 오르게 되고, 다음으로 나이프, 국자, 빵덩어리가 나온 후 음식이 운반되었다. 요리 그릇들은 운반해 들여올 때와 같이 뚜껑이 닫힌 채로 진열되었는데, 그 이유는 음식이 식지 않도록 하고, 그 속에 독毒을 넣지 않게 하기 위해서였다. 손님들은 서로 즐겁게 대화하는 것이 예의였다. 주요리 과정까지 끝나게 되면, 음유시인Minstrel, 吟遊詩人들이 등장하고, 연주가 이어졌다. 연주가 끝나면 또 다른 포도주와 음식들이 추가로 식탁에 오르고, 마지막으로 과일이 식탁 위에 올려졌다. 정찬이 끝나면 식탁보는 벗기고 식탁은 씻어 분해하여 치워두었다.

바로크 시대 Baroque, 1620~1740

시대적 배경

르네상스 말기 유럽의 국가경제는 중상주의重商主義가 대두되고 도시 문화가 크게 발달하여 구질서는 붕괴되고 신질서가 대두되었는데, 이것이 바로크 태동의 배경이 되었다.

　바로크는 이탈리아에서 생긴 마지막 중요한 양식으로, 고전의 엄격성과 정신적 측면의 결여에 대한 반동으로 발전하게 되었다. 고대의 틀에 맞추기보다는 르네상스에 비해 열정적인 특성을 가진다. 이탈리아는 17세기 초 바로크 양식의 개발 및 전파에 주도적인 역할을 하였으며, 1650년경 절정을 이루었다. 그 후 정치적·경제적·문화적 지배력이 프랑스와 영국으로 옮겨지면서 쇠퇴하게 되었으며, 바로크는 프랑스에서 전성하게 되고 이후 로코코 양식으로 발전하게 되었다.

바로크 양식

　바로크 스타일에 쓰인 주요 모티브는 아칸서스 잎acanthus, 페디먼트pediment, 스와그swag, 마스크mask, 사자 발 모양, 컷-카드, 시누아즈리chinoiserie[1], 인물 조형상 등이 있다. 바로크의 특징은 비싼 재료인 흑단ebony, 상아ivory, 이국적인 나무들, 거북이 등껍질tortoiseshell, 원석, 은, 동 등을 많이 사용했다는 점이다. 이러한 재료들은 부와 권력을 과시하기 위해 이용되었는데 눈에 잘 보이지 않는 곳에는 이러한 재료들을 낭비하지 않고 경제적으로 썼다. 또 다른 특징은 장중하고 무거

그림 3-4 **바로크 시대의
식공간**
자료 : 丸山洋子, 《テーブルコーデ
ィネート》, 2000, p.31

운 느낌을 주며 입체적이라는 점이다. 한마디로 '그랜드'하다는 말이 잘 어울린
다. 크기가 큰편이어서 다소 거창해 보일 수가 있다. 바로크 스타일에서는 대담
하고 굵은 선, 역동적인 힘이 있어 흔히 남성에 비유하여 언제나 대칭성이 디자
인의 기본이다. 바로크 스타일은 이 대칭성으로 인해 시각적으로 안정감을 주
고 디자인의 무게 중심이 아래에 있는 것이 특징이다.

바로크 시대의 식공간

17세기에 이르러 음식들은 다양해졌고 과자^{patisserie}도 맛볼 수 있게 되었다. 막
등장하기 시작한 설탕은 식탁을 장식하는 데도 사용되었으며, 17세기 이전에
이루어졌던 성대한 연회는 차츰 음식과 관련된 실제적인 즐거움을 주는 식탁에
자리를 내주게 된다. 이것이야말로 미식이라고 말할 수 있는 것으로, 태양왕 루
이 14세의 궁정으로부터 시작된다. 식탁예술이 발달하는 데는 궁정뿐만 아니
라 식탐을 악덕으로 여기던 교회의 규율이 완화된 것도 한몫했다. 군주의 식탁
에는 온갖 산해진미가 올랐고 식기들은 상상을 초월할 정도로 진기하고 값이
비쌌다. 루이 14세는 맛있는 음식을 좋아하기도 했지만, 한편으로는 자신의 화
려한 식탁을 통해 권력을 과시하는 수단으로 삼았다. 그에게 식탁은 하나의 정
치 전략이었다. 그리고 이 시기에는 프랑스식으로 모든 음식을 한꺼번에 내놓
기 때문에 어떤 자리를 차지하고 앉느냐 하는 것이 중요했다. 식기에 금은 세

공품이 사용되었고, 나이프와 포크 같은 식사도구는 여전히 큰 접시에서 작은 접시로 음식을 덜어내는 데만 사용되었을 뿐 음식을 먹는 데는 쓰이지 않았다.

중세에는 고기가 최고의 요리였으나 점점 고기 일변도에서 요리가 매우 다양해졌다. 루이 14세 당시 '왕의 고기'가 도착하면 피리와 요란한 북소리로 이를 알렸으며, 수석 요리인을 선두로 여러 요리 시종들의 행렬이 거대한 고기 접시의 뒤를 이었다. 루이 14세는 호화로운 생활을 좋아했다. 거의 매일 연회 등에 많은 돈을 낭비했고 신하들에게도 이런 절제 없는 무위도식의 생활을 적극적으로 장려했다. 왕 자신이 연회에 모인 사람들이 포식하는 모습을 구경하기를 좋아했기 때문에 모든 사람들이 배가 불러도 굶주린 사람처럼 식탁에 그대로 앉아 있어야만 했다. 또한 구경꾼이 지켜보는 공개 회식으로 향연을 개최했다. 큰 건물에서 대규모의 무도나 연극 제전을 공연하여 왕후 귀족의 눈과 혀를 즐겁게 했다. 멀리 주위에서 보고 있는 구경꾼은 향연이 끝나면 회장 내에 들어가 남은 것을 먹을 수 있었다.

공개 회식뿐만 아니라 집안에서 소인원수로 서로 마주 보고 앉아 식사하는 스타일도 생겼다. 이 식사 스타일은 서비스의 방법에 변화를 주어 유럽의 귀족사회에서 주류가 되는 시간 전개형의 프랑스식 서비스로 발전했다. 프랑스식 서비스는 3코스로 구성되어 일품씩 나오는 것이 아니라, 1코스마다 한 번에 몇 종류의 요리가 나온다. 좌우 대칭에 늘어놓을 수 있었던 요리는 두는 장소가 정해져 있고, 개인용의 접시도 식탁에 규칙적으로 배치되면서부터 테이블의 중앙에 장식하는 큰 접시, 촛대, 스프 튜린 등 은이나 금도금, 도기로 완성된 장식적인 장식물인 슈르트가 놓여지게 되었다. 사람들은 원탁 등에서 개인용의 식기 앞에 앉아 소수로 식사를 즐기는 현재의 스타일로 가까워졌다.

17세기 중반에서야 비로소 식사 때 포크를 사용하는 것이 더 일반화되었다. 식탁용 스푼을 도입한 것은 몽토지에의 공작으로 그때까지는 각자가 자기 숟가락으로 음식을 덜어 먹었다. 청결함에 대한 유일한 요구는 식사 전후에 손을 씻는 것이었다. 높은 신분의 사람에게 손을 닦기 위한 냅킨을 주는 것은 하나의 특권으로 세심하게 지켜졌다.

17세기에 청결이 특히 음식과 식사에 대한 문헌에 빈번하게 언급되었다. 1704년에 《트레부 사전》에서 '청결한'은 라틴어의 '화려한^{ornatus}'과 '잘 정돈된

compositus', 그리고 '장식된comptus'의 동의어로, '청결함proprete'은 '우아함elegantia'의 동의어로 정의되었다. 프랑스인들이 조리와 식사시중 그리고 식사습관에서의 청결함을 매우 중시했음을 보여준다.

개인용 접시의 사용은 루이 14세 시대부터 시작되었다. 니콜라스 드 본퐁 Nicolas de Bonnefons은 "포타주를 담기 위해서 접시는 우묵이 패어져야만 한다. 스푼으로 음식을 떠 먹을 때 상대방에게 음식물이 튀어 혐오감을 주지 않도록, 그리고 이미 입에 몇 번씩 들어간 스푼을 씻지 않고도 그대로 사용할 수 있도록 각자가 자기의 개인용 접시를 사용해야만 한다."고 언급했다. 속이 우묵히 패인 개인용 접시는 17세기의 편리한 발명품이었다. 영국에서는 1641년에 이르러서야 비로소 근대형의 개인접시에 관한 언급이 처음으로 나오는데 그 접시들은 '하얀 도자기 제품인 식사용 접시'라고 설명되어 있다. 이 접시는 지름 12.5cm로 한쪽 면에는 장식이 되어 있었다. 식사하기 전에 이 장식이 있는 면을 아래로 가게 하였다. 처음에 개인접시는 식사가 한창 진행 중일 때는 사용되지 않고, 식사 후 모두 식탁을 떠나 응접실이라는 방으로 옮기고 나서 나오는 과일과 크림, 단과자comfits 등을 먹을 때에 사용하였다. 곧이어 한창 식사 중일 때에도 이러한 개인접시를 사용하게 되었다.

로코코 시대 Rococo, 1720~1760

시대적 배경

로코코라는 말은 프랑스어인 로카이유rocaille와 코키유coquille라는 두 단어가 합쳐진 글자로 로카이유는 자갈을, 코키유는 조개껍질을 의미한다. 프랑스 바로크 최후의 단계를 로코코라고 하며 독일, 영국 등 유럽 전역에 영향을 미치게 된다. 18세기 프랑스에서는 화려하고 환상적인 형태가 발전하였는데, 쾌락을 추구하고 세련됨과 화려한 것으로 만족을 얻으려 했던 시대의 표현이었다.

루이 14세 시대의 격식을 중시하는 형식에서 벗어나 자유스러운 생활을 하려는 루이 15세 시기에는 경제적인 여건이 다소 회복되어 그가 왕위를 계승한 후에는 부유하고 사치스러운 생활을 누릴 수 있게 되었다.

로코코 양식

로코코 스타일은 곡선이 주류를 이루는 디자인이고 비대칭성^{asymmetry}을 그 특징으로 한다. 곡선 중에도 특히 알파벳 C와 S자를 닮은 C 곡선과 S곡선이 복잡하게 얽힌 디자인이 많다. 이 곡선들과 함께 로카이유^{rocaille}가 로코코의 주요 모티브이다. 로카이유란 동굴 속에서 볼 수 있는 구멍이 숭숭난 바위, 조개, 물, 해초 등에서 유래한다. 이 밖에도 꽃과 꽃잎, 그로테스크, 시누아즈리가 로코코를 대표하는 모티프들로, 밝고 우아하며 섬세하지만 비실용적이다.

로코코 시대의 식공간

프랑스의 오를레앙공 필립의 섭정시대^{1715~1723}의 시작으로 엄격한 에티켓을 지켜야 하는 베르사유궁의 거대한 연회 대신에 좀더 친밀하고 안락한 분위기의 야찬^{夜餐, souper}이 유행했다. 무거운 궁중요리보다는 살롱 등 귀족들의 로코코 식 우아한 사교적인 모임이 더욱 적합한 시기였고, 이 당시의 지나친 사치와 퇴폐 풍조는 후일 민중적 혁명의 요인 가운데 하나가 되었지만, 그럴 여유와 충분한 수단이 있는 자들인 귀족에게는 그야말로 '사는 즐거움^{douceur de vivre}'이 충만한 시대였다. 야식은 우아한 분위기로 가벼운 식사 중심이었다. 친밀한 야식회를 즐기기 위해 하인을 사용하지 않았기 때문에 '무언의 하인'이라고 불렸던 깨끗한 접시를 꺼낸 후 사용이 끝난 접시를 정리하여 넣어놓은 소형 가구나 '라후레시스워르'라고 불렸던 와인이나 글라스를 넣는 용기 등이 고안되었다. 설탕 과자로 만들어진 성 등의 슈르트나 미니어처의 정원, 모래의 의미인 사브르로 불리는 착색한 설탕으로 기하학적 모양을 그린 테이블 장식이 나타났다.

저택 안에 식사 전용의 방으로 식당이 생겨 원형의 테이블이 사용되었고, 루이 15세의 총독의 부인인 퐁파두르의 도움으로 세브르 자기가 만들어져 식사 시에는 같은 디자인의 디너 세트가 놓여졌다. 금, 은의 커틀러리가 놓여진 테이블클로스는 자수가 놓여져 보다 호화롭고 섬세하게 되었다. 사람들은 이제 손가락은 사용하지 않고, 미리 접시의 우측에 늘어놓았던 나이프, 포크, 스푼을 잘 다루게 되었다. 그러나 와인 글라스는 식탁과는 다른 수납장의 일종인 라후레시스워르에 넣어졌다.

연회나 특별 만찬회에서는 '러시아식 시중'이나 '프랑스식 시중'을 받았다. 러

그림 3-5 **로코코 시대의 식공간**
자료 : 丸山洋子, 《テーブルコーディ
ネート》, 2000, p.33

시아 방식은 뜨거운 요리를 그대로 식탁 위에 올려놓지 않고, 먼저 부엌에서 썰어 그릇에 담아 손님들에게 내어놓는다. 특별 손님들은 언제나 제일 먼저 음식을 제공받았다. 보통의 경우에는 어느 코스에서 가장 늦게 음식을 제공받은 사람은 다음 코스에는 가장 먼저 음식을 제공받았다. 프랑스 방식으로는 첫 번째 코스의 요리는 손님들이 자리에 앉기 전에 전부 식탁 위에 올려놓았다. 그렇기 때문에 음식들이 식어 최적의 상태에서 먹을 수는 없었다. 그렇지만 손님들은 자신들이 좋아하는 음식만을 골라 먹을 수 있기 때문에 대부분의 식도락가gourmet들은 이 프랑스식 서비스를 좋아하였다. 이러한 '프랑스식 상차림service la Française'은 웅장한 전시효과가 있었고, 요리사의 창의력을 무한히 자극시키기도 했으나 여러 가지 불편한 점이 있었다. 더욱이 먹는 사람들의 요구나 주문을 만족시키려면 많은 요리 시종들과 하인들이 필요했다.

1742년에 출간된 《왕실과 부르주아의 새로운 요리책》은 6~8인용 식사의 경우 코스당 7벌의 접시를 준비하라고 권했다. 당시 상류층 가정에서는 적어도 3코스 식사가 관례였으므로 총 21개의 요리 접시가 제공되는 셈이다. 20~25명의 경우에는 코스별로 27개의 접시가 필요하며 3코스를 위해서는 총 81개의 접

표 3-1 **중세의 테이블 세팅 요소**

시대	디너웨어	커틀러리	글라스웨어	린넨	센터피스	기타
르네상스						
바로크						
로코코						

시가 준비되어야 한다. 그렇다고 해서 과거의 프랑스인들이 거인처럼 왕성한 식욕을 지녔다는 것은 아니다. 회식자들은 대부분 가까운 곳에 놓여진 요리들을 약간 맛보는 데에 그쳤다.

18세기에는 친한 친구들 사이의 정찬dinner과 조촐한 저녁식사 모임이 부활되었다. 이같은 모임에서는 손님에 대한 선택이 요리에 대한 선택과 같을 정도로 중요한 일이었다. 왜냐하면 이 시대에 와서는 식사 중의 대화도 음식만큼 중요성이 더해 갔으며 조리인들만큼이나 중요한 손님들의 역할이 파티의 성공 여부에 크게 관계되었기 때문이다. 그것은 그리스의 향연의 부활로서, 그리스인과 로마인들이 가지고 있었던 것과 비슷한 정찬을 하기 위한 홀hall과는 분리할 필요가 있는데, 그 홀을 식당 또는 살라망제salle-à-manger라 불렀다.

이 시대의 사람들과 요리인들은 식탁에 나오는 요리의 화려함 보다도 좋은 질과 미묘한 풍미를 중요시하게 되었다. 고대 아테네, 로마와 같이 개성 있는 식도락가가 배출되었으며, 미식학美食學의 새로운 시대가 시작되었던 것이다. 이 시대는 사람들이 스스로 소스와 요리들을 발명해 내기도 하고, 과거에 없었던 새로운 음식에 관심을 많이 기울였다.

3. 근대

빅토리아 시대 Victoria, 1837~1901

시대적 배경

빅토리아 시대는 영국 빅토리아^{Victoria} 여왕의 제위기간이었던 1837년에서 1901년에 이르는 19세기의 약 64년간의 시기를 말하며, 이는 영국에 한정하여 사용하기도 하고 영국과 유사한 사회 · 문화적 분위기를 지녔던 미국에 적용되기도 한다.

이 시기는 산업화와 도시화를 근간으로 하는 모더니티가 성립되고, 부르주아 계급이 생겨났으며, 경제적 · 사회적 · 문화적 · 과학적 · 의학적 영역에 걸쳐 근본적이고도 광범위한 변화를 가져왔다.

상품의 생산에서도 질적인 면보다 양적인 면이 강조되었으며, 수공업자의 기술은 기계 제작으로 사라지고, 양식에 있어서는 '역사주의'로 과거의 것을 모방하려고 하였다.

빅토리아 양식

1837년 빅토리아 여왕이 즉위한 시기는 시민생활은 윤택했으나, 예술에 대한 조예가 없었던 시기로 시민들은 과거의 양식을 무분별하게 도입하거나 절충함으로써 화려한 것처럼 보이나 통일성과 조화가 결여되어 있었다.

한편 산업혁명으로 기계를 사용하게 되면서 가구나 실내 마감재 등은 생산이 대량화되어 싸고 신속히 공급되었다. 그러나 이러한 제품들은 수제품보다 질이 떨어져 상류 계급에서는 여전히 값이 비싸더라도 수제품을 사용하였다. 이러한 상황의 빅토리안 시대에는 조지안 시대의 조화된 실내는 사라지고 루이 14세와 루이 15세 양식을 절충한 네오로코코^{Neo Rococo}[2/], 엘리자베스^{Queen Elizabeth}[3/], 자코비안^{Jacobian}[4/], 고딕^{Gothic}[5/] 양식이 혼란스럽게 복합되었다.

빅토리아 시대의 식공간

빅토리아 시대는 산업혁명으로 인하여 도자기와 실버웨어silverware가 대량 생산되어 중산층에서도 다양한 테이블 연출이 가능할 수 있었으며, 현대 도자기의 주종을 이루는 본차이나 생산이 정착되고, 아이언스톤 차이나Ironstone china[6/]의 개발과 더불어 백색 도자기가 완성된 시기이다.

따라서 대량 생산으로 인해 넓은 계층에서 식공간 연출을 위한 세팅 요소를 소유할 수 있게 되었고, 64년이란 짧은 기간이었으나 다양한 디자인 양식의 재인식으로 인해 여러 시대의 테이블 세팅 요소들이 공존하였던 시기였다.

영국의 로얄 우스터사Royal worcester는 1810~1840년에 고대 이집트 디자인을 도자기에 응용하였는데, 황토색과 검은색 그리고 금색을 주조로 한 디자인을 선보여 호평을 받았다. 데본포트는 자신들만의 독특한 분위기를 반영한 일본의 이마리[7/]풍을 따르기도 했다.

식기 디자인에 있어서도 고딕 양식, 르네상스 양식, 고전주의 양식이 다시 유행하였고, 생산이 중지된 16세기 이탈리아의 마욜리카 도기가 19세기 중반 민튼에 의해 부활되었다. 이탈리아에서 제작된 초기의 석유도기인 마욜리카 Maijolica[8/]를 견본으로 한 것으로, 실용성보다는 장식성이 중시되었으며, 다양한 색깔의 유약을 재연하였고, 신구 모티브로 기교를 부린 그림이나 부조를 새긴 큰 접시, 화분, 촛대 등이 만들어졌다.

클래식 양식의 부활로 월계수잎, 갑각류나 곤충류의 외피 무늬, 화환 무늬등이 장식되었고, 회색의 대리석과 청동제품이 재생산되었다. 웨지우드사Wedgewood의 제스퍼웨어Jasperware도 19세기에 인기가 있었으며, 자연주의 장식을 한 식기도 생산되었다. 민튼사Minton에서는 러시아의 왕후 캐서린의 주문으로 생산되었던 식기의 패턴을 기본으로 한 테이블웨어도 생산되었다.

빅토리아 시대에 식탁에서 크리스탈 사용이 어느 정도 보편화되었는지는 충분한 문헌과 자료가 남아 있지 않으나, 실내조명과 실내 장식물, 콤포트 등에 사용된 기록을 통해 크리스탈이 유행하였음을 알 수 있다.

은제품에는 고전적인 테마가 지배하였는데, 고딕의 부활, 비대칭의 로코코, 중국식, 일본식, 화려한 터키 장식, 이집트 테마, 기하학적 무늬로 설명되는 미국 인디언 양식이 있었으며, 자연적 모양이 유행하였다.

그림 3-6 **빅토리아 시대의 식공간**

자료 : Venable, Charles L.,
《China and glass in America》
1880-1980, 2000, p.23

19세기에는 중간 계층도 은 포크를 사용하였으며, 뼈 · 진주 · 상아와 같은 제품이 손잡이에 사용되었고 포크의 갈래는 짧아지고 가까이 붙게 되었다.

빅토리아 시대는 전통적인 수공예와 새로운 기계들의 혼용으로 섬유산업에 있어서 거대한 발전이 있었다. 빅토리아인들은 가구와 도자기에 이르기까지 장식하는 것을 좋아했으며 섬유에 있어서도 마찬가지였다. 자수가 인기있었으며, 특히 가느다란 끈과 바늘로 레이스를 만든 털실세공이 유행하였다.

이 시대의 부유층 식사에서는 매 코스에 따라 식기를 바꾸어 가정에 많은 식기 세트가 있었으며, 하인들은 식탁을 차리기 위한 식기류를 두기 위해 식당 벽쪽에 비치된 찬장에 충분한 공간을 비워두고 그 곳에 접시와 컵들, 그리고 필요한 그릇들을 두었다.

빅토리아 시대의 실내는 공기가 잘 순환되지 않고 햇빛도 별로 들지 않았으며, 눈에 들어오는 모든 면과 공간에는 가구, 골동품, 벽걸이, 직물 등이 조화를 이루지 못한 채 뒤섞여 있었다.

아르누보 시대 Art Nouveau, 1880~1920

시대적 배경

18세기 산업혁명으로 대량생산이 가능하게 되었지만, 생산물의 질적 가치가 떨어지는가 하면 아름답거나 유용성이 결여된 물건이 자꾸 생겨나면서 대량 생산의 문제점이 드러나고 있었다. 이런 현상이 중세의 수공예품에 대한 향수를 불러일으켰고 산업기술의 발달로 예술가들이 고립되고 그로 인해 생겨난 사회와 예술의 격차를 줄이고자 '아름다운 것은 아름답기 때문에 유용한 것이다'라는 아름다움과 유용성의 개념으로 미술공예운동이 일어났다.

아르누보 양식

역사주의로부터 탈피하고 자유롭고 새로운 것을 창조하려는 움직임에서 구조와 기능과 장식의 통일을 기본 원리로 신예술의 의미인 아르누보가 생겨나게 되었으며, 19세기 말부터 20세기 초에 걸쳐서 나타난 미술양식의 하나이다. '신 미술'이라는 뜻으로 1890년대에 자연주의적이고 유기적인 형체를 구사했던 장식미술로, '아르누보'는 영국·미국에서의 호칭이고 독일에서는 '유겐트 양식jugendstil', 프랑스에서는 '기마르 양식style guimard', 이탈리아에서는 런던의 백화점 리버티의 이름에서 유래된 '리버티 양식stile liberty'으로 불린다.

　모든 역사적인 양식을 부정하고 자연형태에서 모티프를 빌려 새로운 표현을 얻고자 했다. 특히 덩굴 풀이나 담쟁이 등 식물의 형태를 연상하게 하는 유연하고 유동적인 선과, 파상波狀, 곡선, 당초唐草무늬 또는 화염火焰무늬 형태 등 특이한 장식성을 자랑했다. 직선적 구성은 고의로 피하고 비대칭적인 기하학적 디자인, 평면장식이 많았다. 아르누보에서 즐겨 사용하는 자연의 모티프로는 붓꽃, 양귀비, 튤립, 장미, 해바라기 등과 늘어지는 곡선의 식물로는 덩굴 종류인 아이비, 담쟁이 덩굴, 포도 덩굴이 사용되었다. 또한 일본의 개항으로 일본문화가 유럽에 유입되면서 일본미술의 영향을 많이 받았다.

아르누보 시대의 식공간

도자기 제품의 테이블웨어보다는 금속으로 만든 테이블웨어에 자연에서 가지고 온 늘어지는 형태가 많이 나타났으며, 대량 생산 제품보다는 핸드메이드의 제품이 많이 이용되었다. 일본의 유약과 도기 비법을 발견하기 위해 애를 썼으며, 상업적인 도자기도 일본 청화백자의 이미지에 가까워지기 위해 노력하였다.

대부분의 식공간 연출 요소에도 식물, 꽃, 나뭇잎 등의 자연주의 양식에 기초한 무늬나, 추상적인 곡선무늬를 많이 장식하였으며, 흰색 바탕에 담청색, 분홍색, 녹색, 회색 같은 연한 색을 이용하였다. 그리고 영국의 아르누보 금속제품 생산은 리버티 상사에서 주도하였다.

그림 3-7 **아르누보 시대의 식공간**
자료 : 앨러스테어 덩컨, 고영란 옮김, 《아르누보》, 2001, p.51

당시 실내건축에서는 흔히 볼 수 있었던 길게 연결되는 복도를 없애고, 개개의 방이 독립적인 공간이 될 수 있도록 만들어졌다. 층과 층 사이에는 휘감기는 듯한 곡선을 사용하여 공간적 연속성과 유동성을 주었으며, 공기처럼 가벼운 느낌을 주면서도 힘과 우아함으로 가득 찬 선이 많이 디자인되었다. 식물의 추상적인 나선형 문양을 가구를 포함하여 건물의 모든 요소와 윤곽에 응용하였다.

아르데코 시대 Art Deco, 1920~1939

시대적 배경

아르데코 양식이 발생하기 시작한 1920년대 전후의 시대적인 특성을 살펴보면 1914년부터 1918년 사이의 제1차 세계대전과 1917년의 러시아 혁명으로 시작하여 1929년부터 1930년의 세계경제 대공황으로 이르는 격동과 혼란 속에 위치한 시대였다. 이러한 20세기 초는 인류 역사에 있어 역사적·정치적·경제적으로 변혁의 시기이자 사회적인 혼란의 시기로, 대중들은 사회적인 불안정 속에서 나타난 반대의 보상심리를 사치와 화려함이 만연되는 사회 속에서 한 양식으로 표현하였다. 아르데코는 1925년 Paris Exposition Internationale Des Arts Decoratifs et Industriels Modernes에서 얻어진 제목이며, 아르누보의 환상적이고 쾌락적인 과잉장식에 대한 반발로 프랑스를 중심으로 유럽과 미국에서 유행한 장식양식이다.

그러나 '아르데코art deco'란 용어는 그 시대에 사용된 용어가 아니며, 이 양식을 즐기기 시작한 1960년대 아르데코의 재현에서부터 실제적으로 사용되었다.

또한 이 명칭은 프랑스에서는 아트 모던art morden으로서 '1925년 양식'이라 불렸으며, 미국에서는 모더니스틱 모던modernistic mordern, 지그재그 모던zigzag mordern, 스타일 1925style 1925 등으로 불려지기도 한다.

아르데코 양식

아르데코 양식은 입체파, 러시아 구성주의, 이탈리아 미래파, 이집트 미술, 매킨토시와 비엔나 공방, 바우하우스의 작품, 러시아 발레단, 중동지역의 미술, 인디언 미술품에 이르기까지 다양한 문화를 절충시킨 종합적인 스타일이다.

아르데코의 중요한 통일된 요소들 중 하나는 기하학적인 형들의 강조로서 형태의 본질에 접근하여 단순함을 추구하는 자연적인 결과이며, 어느 정도의 수공예적인 소용돌이치는 곡선interlacing curve과 기능적이고 고전적인 직선미sleek line를 추구하였다.

단순함은 아르데코에서 많이 사용되었던 기하학적 형, 꽃, 여인상 및 여러겹의 직선미가 나는 매끄러운 선에서 나타나고 있다. 특히 단순화된 꽃은 흔히 볼 수 있는 장식으로 이전의 전통적이고 사실적 표현의 묘사는 사라졌으며 크고 양식화된 꽃의 단순함을 강조하였다. 장미, 마거릿, 다알리아, 국화 등이 주로 그 대상이었으며 그 중 특히 단순화된 장미가 가장 많이 보인다. 그 외에 지그 재그^{zigzag}, 지규레트^{ziggurat}, 선버스트^{sunburst}가 대표적인 형태이다.

아르데코에서 쓰였던 주요한 색은 검은색, 금색, 은색, 원색, 파스텔의 대담한 색이 주조를 이룬다.

첫째, 검은색은 아르데코의 대표적 특징인 단순성을 가장 적절히 표현할 수 있는 색으로 정착하여 20세기에 들어와 야성미, 세련미 있는 유행색으로 정착 되었다.

둘째, 금속 소재에 의한 금색과 은색은 아르데코의 모던함을 표현한 색으로 강하게 대비를 이루며 현대적이고 대담한 분위기를 주는 역할을 했다.

셋째, 원색의 등장은 동양에 대한 관심, 야수파, 초현실주의의 영향과 공연예 술 등을 그 배경으로 한다.

넷째, 새로운 파스텔색의 등장이다. 파스텔조의 색상은 아르누보의 주조색 이었던 연한 하늘색, 연한 갈색, 연한 녹색 등의 낮은 채도의 파스텔 색조 대신 핑크, 하늘 빛의 파랑, 레몬 옐로, 민트의 초록과 같이 선명하고 산뜻한 서벗 톤 $^{sherbet\ tone}$이었다.

아르데코 시대의 식공간

양차 대전 사이의 기간은 사회적으로 또 예술적으로 중요한 변화의 시기였는데

그림 3-8 **아르데코 시대의 식공간**
자료 : Alastair Duncan, 〈American art deco〉, 1999, p.29.

표 3-2 **근대의 테이 블 세팅 요소**

시대	디너웨어	커틀러리	글라스웨어	린넨	센터피스	기타
빅토리아						
아르누보						
아르데코						

바로 이 시기에 가장 흥미로운 테이블웨어 제품이 생산되었다. 즉, 아름답고 식욕을 돋우는 디자인과 색상이 화려하고 흥미로운 제품들이었다.

테이블웨어는 아르데코가 번성했던 시기에 고도로 장식되었으며 어떤 것은 규모가 매우 큰 도자기 산업의 제품으로 생산되었다.

아르데코 시대에는 루비 빨강$^{ruby\ red}$, 코발트 블루$^{cobalt\ blue}$, 짙은 그린$^{deep\ green}$으로 채색된 글라스웨어와 은, 놋, 구리, 크롬 그리고 도금 된 커틀러리가 많이 생산되었으며, 촛대나 금속으로 된 센터피스는 누드나 세미누드 인물상으로 된 것들이 많았다. 도자기는 단순하게 장식되거나 꽃무늬가 도자기의 표면에 완전히 전사되기도 하고, 가장자리에 색깔 있는 선을 넣거나 추상적이고 기하학적인 패턴을 그려 넣기도 하였다.

주

1/ 유럽의 공예, 장식, 건축 등에 보이는 중국풍 양식이나 그 양식에 의해 만들어진 작품이다.

2/ 신로코코 양식으로 화려한 장식이 중심으로, 좌우 균형을 깨뜨린 자유로운 형식에 의한 곡선으로 구성되며, 밝고 섬세하며 감각적인 화려한 귀족문화의 성격을 지닌 양식이다.

3/ 1558~1603년 영국의 엘리자베스 1세 시대로 르네상스 양식이 유행하였다.

4/ 1603~1660년 영국의 제임스 1세와 찰스 1세가 지배하였던 시대로 실내 장식에 있어서 고딕양식 요소는 거의 남아있지 않고 르네상스 양식이 많이 사용되었다.

5/ 중세 후기 서유럽에서 나타난 미술양식이다.

6/ 경질 도기硬質陶器로 장석질長石質 도기라고도 한다. 도석陶石, 점토, 장석으로 이루어지는 재료를 1,200~1,300℃에서 구운 것으로 자기와 도기의 중간이며, 빛깔은 희고 자기에 가까우나 투명하지는 않다.

7/ 채색화 자기로'아리타 자기'라고도 하며 해외에 많이 수출되었다.

8/ 지중해의 마요르카섬 상인이 에스파냐의 도자기를 이탈리아로 반입하였는데, 이것을 이탈리아 사람이 마욜리카라고 부른 데서 이 이름이 생겼다. 흰 바탕에 청·자·황·녹·적색 등의 그림물감으로 무늬를 그린 것으로, 16세기 이후 이 기법은 유럽 각지에 전해졌고 프랑스에서는 이러한 종류의 도자기를 파엔차Faenza의 지명을 따서 파이앙스faience로 부른 것이 유럽의 마욜리카풍 도자기의 통칭이 되었다.

NEW TABLE & FOOD COORDINATE

4 동양 식공간

4 동양의 식공간

동양의 식생활문화는 쌀을 중심으로 한 콩 문화가 공통적이지만 지형, 기후, 기온 등의 자연환경과 종교 그리고 각 문화적 특성에 따라 고유의 상차림 문화를 형성하고 있다.

1. 한 국

상차림 문화

한국의 상차림은 주식에 따라 반상飯床, 면상麵床, 죽상粥床으로 나뉘는데, 반상은 밥을 주식으로 하고 국과 김치, 그리고 반찬을 상 위에 한꺼번에 차리는 상차림이며 찬의 수에 따라 형식과 규모가 정해져 있다. 정통 상차림은 뚜껑 있는 쟁첩에 담는 찬의 가짓수에 따라 3첩, 5첩, 7첩, 9첩 반상으로 나뉜다. 12첩 반상은 궁중에서만 차리고 민가에서는 9첩까지로 제한하였다. 첩수는 쟁첩에 담는 반찬만을 이르는 것으로 밥, 탕, 김치류, 조치,찌개, 찜 등은 찬품 속에 들지 않는 기본 음식이다.

뜨거운 음식과 국물 있는 음식은 오른편에 놓고, 중간에는 나물과 생채 등 일상적인 찬을, 차가운 음식과 마른 반찬은 왼편에 놓는다. 수저는 오른편에 놓는데, 젓가락은 숟가락 뒤쪽이나 오른쪽에 붙여 소반위에 놓는다. 곁상에 놓은 빈접시에는 생선 가시와 뼈다귀 등 못 먹을 것을 발라놓고, 식사가 다 끝나면 국그릇을 내려놓고 따뜻한 숭늉을 그 자리에 올려놓는다. 반상은 대개 장방형의 사각반에 차리며, 한 상에 올라가는 그릇의 재질은 모두 같아야 한다. 여름철에는 백자나 청자 반상기가 주로 쓰이고, 겨울철에는 유기나 은기로 된 반상기를

그림 4-1 **한식 상차림**

써 왔고 수저는 나뭇잎 모양을 사용해 왔다. 뜨거운 음식은 뜨겁게, 차가운 음식은 차갑게 먹을 수 있도록 마련한다. 예전에는 외상차림이 원칙이었으나 요즘에는 온 가족이 한 상에 앉아 식사를 한다. 그러므로 음식을 놓을 때는 웃어른을 중심으로 차리는 것이 좋다.

상차림 문화의 특징으로는 한 상에 차려 나오는 공간 전개형, 통일된 식기, 쟁첩·수저 사용, 오방색을 선호하며, 약식동원, 다양한 양념 사용, 발효음식, 음양오행, 장유유서의 사상까지 포함하고 있다.

상차림 변천

고구려

음식 담은 그릇을 발이 달린 상에 차리게 된 것이 언제부터인가에 대한 것은 확실하지 않지만 1940년에 발굴된 고구려의 통구通溝 무용총舞踊塚 벽화를 보면 상의 모습이 보인다. 두 여인이 음식을 나르는 모습의 그림을 보면 한 여인은 다리가 달린 소반을 들고 있고, 다른 여인은 다리가 없는 쟁반 같은 것을 들고 있다. 그리고 같은 무용총의 벽화인 주인에게 음식을 올리는 모습을 보면 오른쪽에 남자 주인과 왼쪽에 손님이 앉아서 각각 여러 가지 음식을 차린 상을 받고 있다. 주인 앞에는 칼을 가진 사람이 시중을 드는 모습이다. 이 벽화에서 고구려시대 손님접대가 입식 식사방법인 것을 알 수 있다.

그림 4-2 **통구 무용총 벽화(주인에게 음식을 올리는 모습)**
자료 : 황혜성 외, 《한국의 전통음식》, 1992, p.87

한편 통구의 각저총角底塚 벽화에서는 주인으로 보이는 남자가 의자에 앉아 있

그림 4-3
통구 각저총 벽화(접견도)
자료 : 황혜성 외, 《한국의 전통음
식》, 1992, p.87

고, 갱坑의 바닥에는 두 여인이 꿇어 앉아 있으며, 그 옆의 상 위에는 음식이 놓여 있다. 이 벽화에서 보면 평상시의 식사는 높이가 낮은 소반과 같은 상에 한 사람씩의 외상차림으로 좌식이었던 것으로 보인다.

고 려

고려시대의 일상식 상차림을 알 수 있는 우리나라의 문헌은 없으나 《고려사》에 따르면 제례 때는 직급에 따라 제물의 품수를 제한하였다고 한다. 제사는 조상이 생전에 좋아했던 것을 차리는 것이니 일상적인 식단의 상차림도 이와 비슷하였으리라 본다.

그리고 송나라의 서긍이 쓴 고려 기행문인 《고려도경》 잡속의 향음조鄕飮條에는 "고려인은 작은 평상인 탑榻 위에 또 작은 도마인 소조少俎를 놓고, 구리 그릇을 쓰며 어포, 육포, 생선, 나물들을 섞어서 내오나 풍성하지 않고, 또 술을 마시는 행위에도 절도가 없으며 많이 내오는 것에만 힘쓸 뿐이다. 탑마다 손님 둘씩 앉을 뿐이니, 만약 손님이 늘어나면 그 수에 따라 탑을 늘려 각기 마주 앉는다." 고 하였으니 고려 때의 손님접대는 겸상이었음을 알 수 있다.

조 선

조선시대에 와서 상차림은 온돌의 영향을 받아 '좌상'식으로 고정되었다. 그러나 궁중에서 행한 의례와 제례의 상차림에는 옛날의 풍습에 따라 높이가 높은 상탁을 사용하였다.

조선시대 궁중의 연회 기록을 적은 《진찬의궤》, 《진연의궤》와 궁중의 음식발기 등에 나타난 상차림을 살펴보면, 대왕, 중전, 대왕대비, 세자, 세자빈 등의 왕족은 각기 음식을 높이 고인 고배상과 곁반에 더운 탕, 차 등을 따로 받는다. 직위가 높은 고관들은 외상차림이고, 아래 직급은 겸상이고, 더 아래의 직급들은 두레상에 한데 대접을 하였음을 알 수 있다. 서민의 일상식은 유교 사상의 영향으로 어른과 남자를 존중하여 반드시 외상차림의 반상을 차렸다.

우리 음식이 전통적인 상차림의 형식을 갖춘 것은 조선시대라고 할 수 있다. 궁중에서의 연회식은 고려시대에 중국의 영향으로 체계를 이루기 시작하였고, 조선시대에 이르러서는 정중하고도 복잡한 절차와 좋은 기명과 상에 다양한 음식을 차렸고, 유교의 기본사상인 효를 중시하여 조상에 대한 제례를 엄격히 지켰다.

상차림의 종류

상차림은 한상에 차려놓은 찬품의 이름과 수를 말하는데, 규모는 그 음식대접이 어떤 뜻을 가졌는가에 따라 정해진다. 예를 들어 돌상에는 아이의 앞날을 축복하며, 부모가 자녀의 복을 기원하는 마음으로 백미 한 사발, 국수 한 대접 등을 차린다. 좋은 일에는 기쁨을, 제사에는 조상을 추도하는 뜻으로 어른이 생전에 드시던 음식을 푸짐하게 차린다.

일상 상차림

반상차림

반상차림은 쟁첩에 담는 반찬의 가짓수에 따라 다음과 같이 대별한다. 기본으로 놓는 것은 밥, 국, 김치, 국간장인 청장淸醬이고, 5첩 반상이 되면 찌개를 놓고, 7첩 반상에는 찜을 놓는다. 전, 회, 편육을 찬으로 놓을 때에는 찍어 먹을 초간장, 초고추장, 겨자즙 등을 함께 곁들인다.

김치도 반찬 수가 늘어남에 따라 두세 가지를 놓는다. 찬품을 마련할 때에는 음식의 재료와 조리법이 중복되지 않도록 하고 제철 식재료로 계절감을 살리면 좋은 식단을 구성한다.

죽상차림

이른 아침에 초조반으로 내거나 간단히 차리는 죽상으로 죽, 응이, 미음 등의

기본식 : 밥, 탕, 김치 2가지, 간장, 초간장, 초고추장, 조
치, 찜 · 전골 택 1
반 찬 : 생채, 숙채, 구이, 조림, 전, 장과 · 마른찬 · 젓갈
중 택 1, 회 또는 편육
후 식 : 한과류, 과일, 차, 화채

그림 5-4 **7첩 반상**

유동식을 주식으로, 간단하게 찬을 차린다. 죽상에 올리는 김치류는 국물이 있는 나박김치나 동치미로 하고, 찌개는 젓국이나 소금으로 간을 한 맑은 조치이다. 그 외의 찬으로는 육포나 북어무침, 매듭자반 등의 마른 반찬을 두 가지 정도 함께 차린다.

장국상차림(면상 · 만두상 · 떡국상)

주식을 국수나 만두, 떡국으로 차리는 상으로 점심 또는 간단한 식사에 어울린다. 찬품으로는 전유어, 잡채, 배추김치 등을 놓는다. 그리고 탄신, 회갑, 혼례 등의 경사 때에는 고임상인 큰상을 차리고 경사의 당사자 앞에는 면과 간단한 찬을 놓은 면상인 임매상을 차린다.

주안상차림

주안상은 술을 대접하기 위해 차리는 상으로 청주, 소주, 탁주 등과 전골이나 찌개 같은 국물이 있는 뜨거운 음식과 전유어, 회, 편육, 김치를 술 안주로 낸다. 내는 술의 종류에 따라 음식의 조미를 고려한다.

교자상차림

집안에 경사가 있을 때 큰상에 음식을 차려 놓고 여러 사람이 함께 둘러앉아 먹는 상이다. 주식은 냉면이나 온면, 떡국, 만두 중 계절에 맞는 것을 내고, 탕, 찜, 전유어, 편육, 적, 회, 채^{겨자채, 잡채, 구절판} 그리고 신선로 등을 내놓는다.

후식은 각색편, 숙실과, 생과일, 화채, 차 등을 마련한다.

다과상차림

주안상이나 교자상에서 나중에 내는 후식상으로, 또는 식사 대접이 아닐 때에 손님에게 차린다. 각색편, 유밀과, 다식, 숙실과, 생실과, 화채, 차 등을 고루 차린다.

대표 절기와 음식

우리나라에서는 옛부터 춘하추동 4절기와 명절에 특별한 음식을 차려 즐기고, 액을 면하게 빌었다.

정초 설날

떡국, 만두, 약식, 다식, 약과, 정과, 강정, 전유어, 빈대떡, 편육, 누름적, 찜, 편_{흰떡, 주악, 인절미, 수수전병}, 숙실과, 수정과, 식혜

정월 보름

오곡밥, 각색나물, 약식, 유밀과, 원소병, 부럼

팔월 한가위

송편, 갖은 나물, 토란탕, 가지찜, 배화채, 생실과

십일월 동지

팥죽, 녹두죽, 식혜, 수정과, 동치미

통과의례 상차림

사람이 태어나서 죽을 때까지 행하는 의식을 통과의례라고 하는데, 우리나라는 예로부터 음식을 갖추어서 의례를 지냈다. 탄생, 삼칠일, 백일, 돌, 관례, 혼례, 회갑, 회혼례, 상례, 제례 등에는 특별한 상차림을 준비하였다.

출 생

출산 후 신생아에게 목욕을 시킨 다음 흰쌀밥과 미역국을 끓여 밥 세 그릇과 국 세 그릇을 상床에 받쳐 '삼신상三神床'을 준비하여 산실의 산모 머리맡 구석진 자리에 놓는다.

삼칠일

아기가 출생한 지 7일이 되면 초이레, 14일이 되면 두이레, 21일이 되면 세이레라 한다. 7이라는 숫자는 길吉한 수라는 속신에서 기인한 것으로 보인다.

　삼칠일에는 백설병白雪餠을 쪄서 삼칠일을 축하한다. 삼칠일의 축의음식인 백설기는 대문 밖에 내보내지 않고 집안에서 가족과 가까운 친지 사이에서만 모여 축의를 나누는 것이 원칙이다.

백 일

백일은 아기 본위本位의 첫 경축행사라고 말할 수 있다. 100이라는 숫자는 큰 수, 많은 수, 완전수完全數를 뜻한다. 백일에는 백설병을 찌고 붉은색의 팥고물을 묻힌 차수수경단과 오색의 송편을 빚고, 흰밥, 고기미역국, 푸른색의 나물인 미나리 등을 중심으로 여러 가지 음식도 함께 장만하여 친지, 마을사람이 모여 축하하고, 백일이 되면서 비로소 축의음식을 밖으로 돌려 나눈다. 백일 축의떡은 백가百家에 나눠야 아기가 수명장수하고, 복을 받을 수 있다고 믿어 왔다.

붉은 팥고물을 묻힌 차수수경단은 귀신이 붉은색을 기피한다는 생각에서 널리 파급되었고, 10세가 될 때까지 매년 준비하기도 한다.

첫 돌

돌에 대한 전래의 의식행사는 아기의 장수복록長壽福祿을 축원하는 행사이다. 돌음식을 만들어 친척과 이웃에게 나누어 주는데, 일단 음식을 받으면 그 아기의 복록과 장수를 기원하는 의미의 인사와 선물을 답례하는 것이 예의이다.

돌상은 돌이 된 아기를 축하해 주기 위하여 떡과 과일을 차린다. 떡은 주로 백설기, 붉은 팥고물을 묻힌 수수경단, 찹쌀떡, 송편, 무지개떡, 인절미, 개피떡 등인데 그 가운데서도 백설기와 붉은 팥고물을 묻힌 수수경단은 꼭 해주는 것으로 되어 있다.

이 밖에 돌잡이를 하기 위한 여러 가지 물건을 놓는다. 돌상 앞에 무명 피류 한 필을 접어서 놓거나 포대기를 접어서 깔아 좌포단座布團 위에 아이를 앉혀 놓고 아버지가 아기로 하여금 돌상 주위를 돌면서 물건을 집게 하는데 가장 먼저 집는 것과 두 번째로 집는 것을 중요하게 여긴다.

아기가 집은 물건에 따라 다음과 같은 속신俗信이 있으며, 근래에는 마이크, 청진기 등을 놓기도 한다.

• **활·화살**_ 무인이 된다.

• **국수**_ 수명이 길다.

• **대추**_ 자손이 번창한다.

• **책·지필연묵**_ 문장으로 크게 된다.

• **쌀**_ 재물을 모아 부자가 된다.

생 일

생일은 돌이나 회갑처럼 대규모의 잔치를 베풀지 않고 자축하는 것으로 가족끼리 조촐하게 모여 미역국과 평상시보다 조금 더 준비한 음식을 나누어 먹는다.

혼 례

혼인 전 날 저녁, 신랑집에서 신부집으로 납폐함이 들어올 시간이 되면 세 켜로 된 시루떡인 봉채떡을 준비한다. 이것은 찹쌀과 붉은 팥으로 만든 떡으로 중심에 대추와 밤을 얹는다. 찹쌀은 좋은 부부 금슬을, 팥은 화를 피하고, 대추는 자손 번창을 기원하는 의미이다.

그리고 당일 날의 혼례는 대부분이 공공장소에서 주관하는 측과의 상담을 거쳐 음식이 준비되고, 신부가 시부모님과 시댁의 친척들께 인사드릴 때 준비하는 음식으로 폐백을 올려놓는다. 서울은 육포와 대추, 구절판을 준비하고 그 외의 지역에서는 닭고기, 엿 등이 추가되기도 한다.

회갑례

60회 생신을 회갑, 환갑이라고 한다. 부모가 회갑을 맞으면 자손들이 모여 연회를 베풀어 드리는 것으로, 이때는 '큰상'을 차리는데 이 큰상은 음식을 높이 고이므로 고배상高排床 또는 바라보는 상이라 하여 망상望床이라고도 한다. 많은 음식을 회갑상 위에 진설하여 축배를 드리고 즐겁게 해드린다.

큰상에 차리는 음식은 과정류, 생과실, 건과류, 떡, 전과류, 숙육편육류, 전유어류, 건어물, 육포, 어포류, 기타 여러 가지 음식을 30~60cm 가까이까지 높이 원통형으로 고여 색상을 맞추어 2~3열로 줄을 맞추어 배열하고 주빈 앞으로는 그 자리에서 먹을 수 있는 장국상을 차린다. 같은 줄에 배열할 음식은 모두 같은 높이로 하고 안전하고 정연하게 쌓아올리는데 원통형의 주변에다 축祝, 복福, 수壽 등의 글자 등을 넣고 색상을 절도 있게 조화시키면서 고여 올린다.

회혼례

신랑, 신부가 60년을 함께 살고 나면, 그 자녀들이 부모의 회혼을 기념하여 베풀어 주는 잔치를 뜻한다. 자녀도 많고 유복한 살림을 하면 부부가 처음 귀밑

머리 풀 때를 생각하여 다시 신랑, 신부처럼 복장을 하고 자손들에게 축하를 받는다. 이 의식은 혼례에 준하나, 자손들이 헌주하고 권주가와 음식이 따르는 점이 다르다.

상 례

부모가 운명하면 자녀들은 슬퍼하며 비탄 속에서 시신屍身을 거두고 입관이 끝나면 혼백상을 차리고 촛대와 초, 향로와 향, 주, 과, 포를 차려놓고 상주는 조상을 받는다. 제사 음식의 주가 되는 것은 주, 과, 탕, 적, 편, 해, 메, 탕, 침채, 채소 등 각색 음식을 굽이 높은 제기에 차린다. 제물의 특색은, 재료를 잘게 썰지 않고 통째 혹은 크게 각을 떠서 간단하게 조리하고, 고명은 화려하게 하지 않는다.

제 례

제상은 집집마다 고장마다 진설법이 다를 수 있으므로 형편에 맞춰 정성껏 마련하면 된다. 제물의 가짓수가 적거나 양이 줄어도 무관한 것이다. 제사란 자손의 정성으로 지내는 것이지 누가 지시해서 하는 것이 아님을 명심해야 한다.

상차림 제안

음식을 대접하는 방법으로는 크게 상위에 모든 음식을 한꺼번에 차려놓는 공간전개형의 방법과 음식의 성격에 따라 순서대로 내는 시간전개형 방식이 있다. 전통적인 상차림 방법과 달리 서양식의 상차림과 절충하여 식탁을 꾸며 본다면 새로운 분위기의 식탁을 연출할 수 있을 것이다.

먼저 깨끗하고 정갈한 테이블클로스를 상 위에 깔고, 개인접시와 수저, 냅킨을 준비한 후 식탁 중심에 꽃이나 초, 소품 등을 놓는다. 요리를 서빙하는 순서는 서양식의 전채에 해당하는 요리로 시작해서 해물류, 육류의 요리를 내고, 다음 밥과 함께 반찬이 될 수 있는 요리와 마지막에 후식을 내는 순서로 진행할 수 있다.

그림 4-5 **현대 한식 상차림 제안**

1. 밥	5. 나물	9. 김치
2. 국	6. 종지	10. 찜
3. 냅킨	7. 구이	
4. 개인접시	8. 물컵	

2. 중국

상차림 문화

예전에는 '사선탁자四仙卓', '팔선탁자八仙卓' 라고 하는 4인용, 8인용의 사각형 탁자를 사용하였다. 그러나 근래에 와서는 원탁을 많이 사용하며, 식탁의 중심 부분에 약간 높은 회전대Lazy Susan[1/]를 놓아 여러 명이 음식을 돌려가면서 먹을 수 있도록 되어 있다.

8인용 식탁이 기본이며 8명이 넘으면 두 상을 준비하는 것이 좋다. 그러므로 한 식탁은 8명 기준으로 요리가 준비되고, 이들이 나누어 먹을 수 있는 분량을 한 접시에 담아야 하기 때문에 접시의 크기가 매우 큰 특징을 가지고 있다.

요리를 먹을 때 사용하는 개인접시는 고급의 경우는 은기를 사용하지만, 보

그림 4-6 **팔선탁자(명대 후기)**

자료 : 미셸 뵈르들리, 김삼대자 옮김, 《중국의 가구와 실내 장식》, 1996, p.91

통은 도자기 접시를 쓴다. 젓가락은 약 25cm로 길이가 길며, 음식물을 집는 끝부분이 뭉툭하다. 이는 중국 음식이 기름기가 많아 집기가 어렵기 때문에 길고 두꺼운 형태로 발전한 탓이다. 접시에 담긴 요리를 개인접시에 나눠 담을 때 사용하기도 한다.

젓가락 재질의 종류는 중국 북방에서는 나무로 만든 젓가락을 많이 사용하고, 남방 사람들은 참대 젓가락을 많이 사용한다. 그리고 일부 가정과 고급 음식점에서는 상아 젓가락을 사용하기도 한다. 예전의 중국 제황들은 음식물에 독약이 묻어 있는가의 여부를 알기 위해 은젓가락을 사용하였다.

젓가락은 젓가락 받침대를 사용하며, 특히 연회상에서는 필수품이다. 중국의 젓가락 받침대는 크고 높으며, 모양도 음식물과 관련 있는 것들이 많다.

중국요리의 정식 테이블 세팅에는 냅킨, 메뉴, 조미료 병(간장, 라유, 식초), 조미료 접시, 찻잔, 개인 접시, 렝게[2], 렝게 받침, 젓가락, 젓가락 받침 등이 필요하다. 그리고 기본 반찬에 해당하는 짜사이 榨菜, 파, 오이, 양파, 춘장은 상황에 따라 3가지를 준비하여 작은 그릇에 미리 담아둔다. 표 4-1은 중국 식기의 종류이다.

1. 개인접시
2. 냅킨
3. 젓가락과 젓가락 받침
4. 조미료 접시
5. 렝게와 렝게 받침
6. 찻잔
7. 술잔
8. 기본 반찬
9. 조미료 병(왼쪽부터 간장, 라유, 식초)

그림 4-7 **중식 기본 상차림**

그림 4-8 **중식 상차림**

표 4-1 **중국 식기의 종류**

명칭	형태	크기와 용도
타원형 접시 (chang yao pan, 창야오판)		- 장축 17~66cm - 음식 형태가 길면서 둥근 모양이거나 장방형 음식을 담는 데 적합 - 생선, 오리, 동물의 머리와 꼬리 부분을 담을 경우에 사용 - 큰 접시는 십금냉반十錦冷飯3/, 화색냉반花色冷飯4/을 담고, 작은 것은 보통 쌍평双拼5/, 삼평냉반三冷飯6/을 담음
둥근 접시 (yuan pan, 위엔판)		- 지름 13~66cm - 가장 많이 사용하는 그릇 - 수분이 거의 없는 음식을 담는 데 사용 - 큰 접시는 보통 화색냉반花色冷飯을 담을 때 사용
종지 (die zi, 띠에즈)		- 둥근 접시 중 지름이 13cm보다 작은 것 - 양념이나 기본 반찬을 담아서 음식과 함께 식탁에 놓을 때 사용
탕그릇 (tang pan, 탕판)		- 지름 15~40cm - 국물 있는 음식, 부피가 비교적 큰 음식 또는 탕을 담는 데 사용

(계속)

명칭	형태	크기와 용도
사발 (wan, 완)		– 지름 3.3~53cm로 다양 – 탕湯이나 죽粥을 담는 데 사용 – 가장 작은 사발은 간장, 당초즙糖醋汁 등의 소스를 담을 때 사용 – 가장 큰 사발은 자품과瓷品鍋라고 하며 뚜껑이 있어 주로 탕을 끓일 때 사용 – 중탕을 할 때는 사기로 만든 사발碗을 주로 사용
사과 (sha guo, 샤꾸오)		– 일종의 질그릇으로 재질은 도기陶器가 대부분 – 열의 발산이 느리기 때문에 민燜 먼, men7/, 소燒샤오, shao8/, 외煨 웨이, wei9/의 방법으로 음식을 조리하는 경우에 사용 – 대부분의 사과는 둥근 모양이며, 크기와 모양이 변 형된 사과는 항아리 또는 단지라고 함 – 한쪽에 긴 손자루가 있는 것도 있으며, 불도장佛跳 墻을 담는 그릇은 술단지 모양
대나무 찜기 (zheng long, 쩡롱)		– 대나무로 만들어진 것으로 딤섬이나 만두 종류 등 을 찔 때 사용하며 찜기째로 식탁에 내기도 함
자장면 식기		– 자장면과 소스를 담는 식기 – 왼쪽은 자장 소스, 오른쪽은 면을 담음
탕기와 워머 (xiao wan, 시아오완)		– 식사를 마칠 때까지 찜이나 탕을 따뜻한 상태로 유지시켜 줌
삭스핀 찜기		– 상어지느러미를 찜으로 요리하여 담아내는 그릇으 로 빨리 식는 것을 막기 위해 뚜껑이 있음
찻주전자 (cha zao, 차짜오)와 찻잔 (cha zhong, 차쫑)		– 차는 찻주전자에서 우려서 찻잔에 따르는 경우가 있고, 찻잔에 직접 차를 넣고 뜨거운 물을 부어 우 려내는 경우가 있음 – 보통 식사 시는 찻잔에 차를 넣어 우려내기 때문에 받침과 뚜껑이 있음

(계속)

명칭	형태	크기와 용도
고량주 술병과 술잔 (jiu bei, 지우뻬이)		- 중국 화베이華北 지방에서 주로 생산되는 증류주蒸留酒. 빼갈이라고도 부르며, 구이저우성貴州省의 마오타이주茅台酒, 산시성山西省의 펀주汾酒, 쓰촨성四川省의 다취주가 그 대표적인 것들임. 알코올 도수가 40~60%로 상당히 높음 - 아주 작은 술잔에 마심
조미료 용기		- 테이블 위에 놓여 있으며, 왼쪽부터 간장, 라유, 식초 순으로 사용함
렝게와 받침		- 숟가락은 국물 있는 요리를 먹을 때만 사용되며, 받침은 없어도 무방함
젓가락 (kuai zi, 콰이쯔)과 받침		- 끝이 뭉툭하며, 젓가락이 길어 나눔 젓가락으로 사용 가능함 - 젓가락받침은 콰이쯔가라고 함

NEW TABLE & FOOD COORDINATE

상차림 변천

고대古代

저식 문화권 가운데 가장 먼저 사용하기 시작한 중국의 경우, 전한前漢 때의 환관이 지은 《염철론》에 상아로 젓가락을 만들었다는 기록이 남아 있다. 《사기》에 따르면 은나라B.C. 2100~1700 주왕이 처음으로 상아 젓가락을 만들었다고 하지만, 고고학자가 발굴한 젓가락은 아무리 오래된 것도 춘추시대B.C. 770~476까지밖에 거슬러 올라가지 않는다.

《예기》의 곡례에 따르면 1인분의 밥상을 차리는 것이 분명하고, 상 위에 요리를 내놓는 방법에서도 당시 소반이 각자 외상이었음을 알 수 있다. 음식물은 가끔 낮고 작은 탁자에 놓이기도 하였으나, 큰 접시 위에 놓는 것이 일반적이었다.

중고中古_후한(後漢 : 25~220), 삼국(三國 : 220~280), 진(晋 : 265~ 420), 오호십육국(五胡十六國 : 303~421)

한나라 사람들은 식사 때 안※으로 불리는 소반을 사용하였고, 외상을 차렸으며 신발을 벗고 방에 들어가 돗자리 위에서 생활했다. 식기로는 금, 은, 칠기가 많이 쓰였고, 칠기 국자와 숟가락도 있었다.

그림 4-9 **화상석**
(畵像石: 연회 장면)

자료 : 미셸 뵈르들리, 김삼대자 옮김, 《중국의 가구와 실내장식》, p.22

이 시기에 중앙정부에서 파견된 관리들은 매우 사치스런 생활을 하였으며, 그림 4-8(화상석)은 칠기의 낮은 탁자가 주인과 손님이 앉은 평상 앞에 놓여서 사용되었으며, 하인들이 음식접시와 공기, 쟁반 및 기타 식기들을 그 위에 차리는 모습을 보여주고 있다.

근고近古_ 수(隋 : 581~618), 당(唐 : 618~907), 오대십국(五代十國 : 907~979)

수·당 왕조는 북조 출신으로 음식문화에도 생선의 사용이 적고 양고기나 면을 주로 이용하였다. 당대에는 북방 민족으로부터 의자에 앉아 식사하는 방식을 배우게 되었으며, 이때부터 젓가락과 숟가락의 사용이 하나의 세트가 되어 식사에 사용되었다. 숟가락과 젓가락은 대략 반반씩 사용되었다.

중세中世_ 송(宋, 960~1279)

당대에서 송대에 걸쳐 식생활 양식에 커다란 변화가 일어났다. 후한시대 고분 그림의 연회장면을 보면 참식자들은 모두 돗사리 위에 앉아 음식을 먹고 있으며, 요리는 짧은 다리가 붙은 상 위에 놓여 있었다.

당나라 때 북방 민족으로부터 의자에 앉아 식사를 하는 방식을 배우게 되면서 돗자리를 쓰지 않았고, 송대에 이르러서는 음악을 들으면서 차를 마시고 있는 그림을 통해 이미 궁중의 생활에 의자와 테이블이 완전히 정착했음을 알 수 있다. 《한희재 야연도》를 보면 송대 초기부터 지금과 거의 유사하게 의자와 식탁을 사용한 것을 알 수 있다.

그림 4-10 **한희재 야연도(韓熙載夜宴圖)**
자료 : 장징, 박해순 옮김, 《공자의 식탁》, 2002, p.171

NEW TABLE & FOOD COORDINATE

젓가락을 세로로 놓는 풍습도 송대 이후에 나타났다. 송대에 의자, 테이블의 생활이 보급됨에 따라 밥과 국은 개인전용의 공기에 담지만 부식은 큰 공용의 식기에 담아 젓가락으로 직접 집어오는 형태의 상차림으로 변화된 것으로 추측된다.

근세近世_ 원(元, 1206~1370) · 명(明, 1368~1644) · 청(淸, 1636~1911)

마르코 폴로가 원나라의 연회장에 대해 설명[10/]해 놓은 내용을 미루어보면 일부 상류층에서는 포도주가 유행하였으며, 금과 은으로 된 식기들을 사용했음을 알 수 있다.

명대의 식사는 1일 3식이 원칙이었고 숟가락으로 부식뿐만 아니라 밥도 먹었지만 이후부터는 밥과 부식물은 젓가락으로 먹었고 숟가락은 국 전용의 도구로 받아들여졌다. 젓가락을 사용하면서부터 공기 모양의 식기를 많이 사용하게 되었다.

명대 젓가락 손잡이 부분의 모양은 사각의 방형方形이며 음식을 집는 끝부분은 둥근 형태를 가지고 있었다. 이는 오늘날 중국인들이 보편적으로 사용하는 젓가락과 모양과 크기가 유사하다. 《관모식의에 앉은 인물》을 보면 식탁 위에 젓가락만 놓여 있는 모습을 관찰할 수 있다.

그림 4-11 **관모식의(官帽式椅)에 앉은 인물**
(성훈 권 10, 1681년 목판화)
자료 : 미셸 뵈르들리, 김삼대자 옮김, 《중국의 가구와 실내장식》, p.64

상차림 제안

전통적인 중국 식기는 색상과 문양이 화려하고 원색적이어서 특별한 장식 없이 자체만으로도 화려한 느낌이 든다. 그러나 이 때문에 전통적인 중국요리 외에 퓨전형태의 중국요리에는 잘 어울리지 않는다.

따라서 현대적 인테리어 감각과 다변화하고 있는 퓨전식 중국요리에 어울릴 수 있게 흰색 종류의 디너웨어를 사용하고, 젓가락과 나이프를 같이 놓아 한 입에 들어가기 어렵거나 질긴 요리는 작게 잘라 먹을 수 있도록 제안한다. 또한 글라스웨어를 놓아 음식과 함께 어울리는 와인을 곁들여 식사할 수 있도록 한다.

그림 4-12 **중식 퓨전 상차림**

1. 개인접시   4. 나이프   6. 렝게와 받침
2. 냅킨   5. 젓가락과 받침   7. 글라스
3. 포크

중식 프리젠테이션

중국음식은 다양한 조리기술로 음식을 예술적으로 표현하여 그릇은 요리의 종류, 색, 분량과 맞게 타원형과 원형을 사용한다. 한 접시 음식의 경우 주재료와 부재료의 분리 배치보다는 섞인 형태로 한국음식의 섬세한 식재료 크기와 비교할 때 한입 크기에 불과하다. 음식의 레이아웃이 덩어리진 채 부드러운 원추 모양이면 장식은 별개의 식재료로 음식과 분리하여 따로 하는 것이 특징이다.

중국요리의 코스별 특징

전채 前菜

가장 먼저 나오는 음식으로 색, 맛, 향이 조화를 이루어 다음에 제공될 음식에 호감을 갖게 하며, 눈을 즐겁게 하여 입맛을 자극하는 것으로 제공한다.

두채 頭菜

탕채와 열채를 제공한 후에 식사류 앞에 나오는 주 메인요리로서 상어지느러미

요리나 제비집 등의 고급 식재료를 사용하는 요리를 냉채 다음에 제공하여 국물과 부드러운 재료의 맛을 느끼게 하는 요리이다.

주채 主菜

주 메인요리에 첫 번째로 제공되는 해산물요리는 주로 새우, 해삼, 패주, 오징어, 우럭 등을 사용하여 최대한 재료 본래의 맛을 즐길 수 있도록 찜이나 튀김의 조리법을 사용한다.

두 번째로 제공되는 고기요리는 쇠고기, 돼지고기, 닭고기, 오리고기 등을 사용한다. 주로 돼지고기가 많이 이용된다.

두부요리

생선이나 고기요리 다음에 제공된다.

탕채 湯菜

맑은 탕이 주로 나오며 식사 전에 제공된다.

면점 面点

쌀이나 밀가루로 만든 음식으로 주로 면으로 된 음식이나 만두, 포자 등이 나온다.

첨채 甛菜

후식으로 차갑거나 뜨겁게 낸다.

식재료를 응용한 장식기능 방법

• **주변 장식**_ 조리한 음식을 접시에 담은 후에 음식의 색깔, 모양, 맛 크기에 따라 접시의 주변을 장식하는 방법이다.

그림 4-13
토마토를 이용한 주변 장식

그림 4-14
오이를 이용한 주변 장식

NEW TABLE & FOOD COORDINATE

그림 4-15
레몬을 이용한 주변 장식

• **중앙 장식**_ 음식을 담는 접시의 중앙에 조각품을 장식하는 방법이다.

• **혼합 장식_** 음식과 조각품을 구분하지 않고 음식의 상태에 따라서 적절하게 혼합하여 장식하는 방법이다.

채소를 이용한 장식 연출법

그림 4-16 **무, 비트, 오이, 고추,
당근을 이용한 모양 썰기**

NEW TABLE & FOOD COORDINATE

그림 4-17 **메론을 이용한 카빙**

그림 4-18 **애호박을 이용한 카빙**

그림 4-19 **수박을 이용한 카빙**

3. 일 본

상차림 문화

일본요리는 '눈으로 먹는 요리'라 일컬어지지만, 이것들은 단순히 보는 것만의 요리가 아니다. 식품의 조합이 색상, 형태와 더불어 뛰어나다는 점, 그 담는 법에 있어서 산수의 법칙(상대방을 높게, 자신은 낮게) 등 자연을 거슬리지 않는 요리법인 점, 나아가 주방장의 자부심이 생선 등의 맛을 높이며, 채소류는 각각 지니고 있는 특유의 맛을 살려서 조리하는 것, 이것들이 오감을 만족시키는 요소인 것이다.

일본요리에서는 소재와 다섯 가지 방법(생식, 굽는 것, 끓인 것, 튀기는 것, 찌는 것)과 조미료의 조합이 다섯 가지 맛을 조화시켜 오감에 의해서 미각이 보다 다양해지고 이것은 식후의 만족감으로 연결된다.

상차림 변천

조몽 시대 繩文, 7000~8000년 전

조몽 시대는 자연식 시대이고, 토기를 사용하여 굽기, 볶기, 조리기 등의 조리행위를 하게 된다. 음식물도 포유동물(특히 사슴이나 멧돼지), 조류, 곤충류, 어패류, 야생채소나 식물의 열매를 먹고 살았다.

야요이 시대 弥生, 2000년 전

야요이 시대는 주식과 부식의 분리 시대라고 하며 원시적인 농사가 행해졌다. 야요이식 토기 외에 나무를 깎아내거나 잘라서 목기가 만들어지고 있었다. 또 중국, 조선문화의 영향으로 청동기와 철기인 금속기가 전해졌다. 음식은 조몽 시대와 비슷하며 봉밀이나 산초 등도 사용되었다.

아스카 시대 飛鳥, 7세기 전반

아스카 시대의 곡류는 쌀 외에 보리, 수수, 조, 메밀, 연맥 등이 생산되고 이들을 이용한 가공기술도 발달했다. 건조시킨 밥이나 죽, 죽보다 국물이 많은 형태의 죽인 조우스이^{雜炊}를 먹었다. 대륙에서 요업기술이 도입되어 도기가 만들어지게 되었다. 이것은 금방 음식을 먹을 수 있도록 차린 음식상으로 스에젠^{据膳}이라 불리고 담거나 저장하는 데 사용되었다. 기타 나무 제기, 구리그릇, 구리쟁반, 유리그릇도 일부 상류계급에서 사용되었다. 식품으로는 식혜, 탁주, 곡장, 육장(젓갈), 초장(절임)이 만들어졌다.

나라 시대 奈良, 710~794

나라 시대는 당나라 음식모방 시대라 불리며, 6세기 초 불교가 전파되었다. 나라 전체가 수나라나 당나라를 모방하였다. 서민은 토기, 목기 그릇을 사용하고, 귀족은 칠기, 청동기, 유리그릇을 사용하고 있었다. 식기의 형태는 접시, 잔 등 용도에 적합한 것이 나타나고 젓가락도 대나무, 버드나무, 은제품을 사용하게 되었다. 이 시대의 음식은 율령제에 의해 육식이 금지되는 경우가 많았다. 그러나 유제품은 사용되고 있었기 때문에 우유를 조린 현재의 연유나 요구르트인 라쿠, 버터나 치즈와 같은 소를 사용하였다. 기타 마른반찬이나 절임, 밀가루의 가공품인 전병과 같은 것이 이용되었다.

헤이안 시대 平安, 794~1194

헤이안 시대는 율령시대로 조정의 식사에 관여하는 각종 관직이 존재했고, 귀족은 고실^{故實}이라 칭하고 옛 관습을 중요시하는 '보는 요리'를 만들게 되었다. 이것이 현재까지 지속되어 일본요리 형식의 근본이라고 할 수 있다. 궁내성 대선직이라고 하는 관직도 생겨나고 대향이라고 불리는 궁중 귀족의 향연이 행해지게 되었다. 그러나 서민의 식생활과는 상당한 격차가 있었다. 식기는 젓가락받침, 젓가락 통, 쟁반대, 현반, 네모난 쟁반이 사용되었다.

가마쿠라 시대 鎌倉, 1192~1333

가마쿠라 시대는 화식^{火食}의 발달기라고 말할 수 있다. 무사의 사회였기 때문에 식생활도 간소하며 형식에 얽매이지 않고 합리적이었다. 선종^{禪宗} 등의 발달과 함께 정진요리가 서민에게도 보급되었다. 승려는 1일 3식, 서민은 1일 2식이 일반적이었다.

그림 4-20 **가마쿠라 시대의 상차림**

자료 : 《일본요리 편람》, 1973, p.5

식기는 사찰용과 무사의 공적인 자리인 상에서는 칠기가 사용되었지만, 일반적으로는 목가가 사용되고 젓가락을 사용하였다. 송나라부터 도자기 기술이 전해져 유약도기가 만들어졌다.

무로마치 시대 室町, 1338~1573

그림 4-21 **아즈치 모모야마시대
의 상차림**
자료 : 《일본요리편람》, 1973, p.6

가마쿠라 초기에는 소박하고 실질적이고 건강했던 무사사회의 식생활도 공가 사회와의 교류에 의해서 서서히 형식적인 양상을 나타내기 시작했다. 의무요리를 만드는 전문가로는 유직고실有職故室에서는 사조가四條家, 고교가高橋家, 무가고실武家故室에서는 소립원가小笠原家, 대초가大草家 등이 각각의 조리법을 확립하였다. 또 차와 함께 카이세키懷石 요리가 등장하였다. 차가이세키의 발달은 소박했던 무사계급의 식생활을 예식, 의례를 중시하는 형식적인 것으로 변화시켰다.

아즈치 모모야마 시대 安土 桃山, 1573~1600

전국시대 말기에 시작된 남만무역의 영향으로 포르투갈이나 스페인에서의 수입품이 많아지고 남만요리와 과자가 들어오게 된다. 싯포쿠 요리가 나가사키와 오사카에 확산되고 선종인 사원에는 후차 요리가 등장하게 된다.

남만南蛮식품으로부터 유입된 식재료로는 호박, 감자, 고추, 옥수수 등이 있다. 토마토도 이 무렵 일본에 전해졌지만 이때는 식용이 아닌 관상용이었다. 남만요리의 대표적인 것으로는 튀김, 과자로는 카스텔라, 비스킷, 별사탕이었다. 기타 나이프, 포크, 스푼, 와인, 브랜디, 위스키가 수입된 것도 이 무렵이다. 식기는 다도의 발달과 더불어 점점 발달하게 되고 각지에 가마가 만들어지고, 유약도기가 구워졌다.

이 시대에는 서민들에게도 다도문화가 유행되어 차 마실 때 내는 음식인 카이세키 요리懷石料理가 왕성해져 갔다.

에도 시대 江戶, 1603~1868

화식 완성의 시대이다. 쇄국시대로 그때까지는 일본 특유의 식품, 고사·전례를 잘 아는 사람인 유직가有職家의 조리법이나 남만식품 등이 모두 어우러져 음식문화가 집대성되어갔다. 대명옥부大名屋敷를 중심으로 혼젠요리가 만들어졌고 서민에게는 카이세키 요리가 보급되었다. 이것은 다도와 함께 발달한 카이세키 요리를 거리의 술안주 요리로 개량시켜 발전시켰다. 식기로는 자기도 만들어지게 되었으며 가정에서는 식사는 각자의 상을 이용하고 밥을 밥공기에 담게 되었다. 거리에는 음식점이 등장하고 차와 밥, 두유나 조리된 요리를 팔기 시작했다.

메이지 明治 · 다이쇼 시대 大言正 1912~1926

메이지 5년에 육식금지가 해제되면서 한순간에 식생활은 점차 서구화되어갔다. 에도 시대에 거리에는 이미 서민을 상대하는 음식점이 나타났고, 메이지 시대에 들어서자 요리 잡지나 가정요리를 위한 요리학교, 여성들에게 가정에 대한 일반적인 것들을 가르치는 여자대학도 생겨났다. 서민도 이전보다는 평등한 식생활을 하게 되었고, 점차 풍성한 식생활을 영위하였다. 커틀릿, 비프스테이크, 크로켓, 오믈렛, 치킨라이스 등은 가정에서도 만들 수 있게 되었다.

상차림 제안

검은색은 불길, 붉은색은 길조의 표상으로 경사에는 금은, 홍백의 조합으로 화려하게 하고, 불교행사 시에는 흑, 백, 청, 황, 은, 홍백, 청백 등이 이용되고 있다. 예를 들어 지역 차이는 있지만, 어묵의 경우 경사때에는 홍백, 불교행사에는 청백으로 된 것이 많다.

경사에 이용하는 생선은 형, 색, 이름 등에 의해서 분류하여 사용된다. 불교행사에는 이것들이 이용되지 않고, 흰살 생선을 생선회로 하여 제공되는 것이 많다. 그리고 불교행사에서 단백질원은 콩제품인 유바, 두부, 유부, 튀김이 주로 사용된다. 불교행사 이외에는 요리명을 정할 때 계절감, 식품재료의 형상, 그리고 경사스러운 말을 담아 넣는 것이 바람직하다.

요리명과 같이 경사에는 경사스러운 장식이나 화려한 것을 선택하고 불교행사에는 범梵자 모양 등이 적당하다.

지금은 라면 붐, 에스닉 붐도 있고, 일본에 존재하는 무국적 요리 등 세계 각지의 음식문화를 맛볼 수 있는 시대가 되었다.

그림 4-23 **일식 상차림**

NEW TABLE & FOOD COORDINATE

표 4-2
일본 요리에 기본적인 식기류

명칭	형태	크기	용도
고항 (ご飯)		– 성별에 따라 다르나 일 반적으로 우리나라보다 작음	– 밥을 담을 때 주로 사 용함 – 계절에 따라서 사기나 칠기를 사용함
시루모노 (汁物)		– 옆으로 퍼진 형태 – 약 200m 미만의 크기를 주로 사용함	– 주로 국이나 물기가 많 은 장국 종류를 담을 때 사용함
니모노 (煮物)		– 가이세키 요리의 경우 1인용으로 사용될 경우 한 뼘이 넘지 않은 크기 가 적당함 – 형태도 다양함	– 주로 조림 등의 국물이 적은 것을 담음
야키모노 (燒物)		– 직사각형의 형태가 일 반적임 – 경우에 따라서 타원형도 사용됨	– 생선구이를 담을 때 사 용함 – 주로 한 마리를 통째로 담을 때 사용되며, 자른 생선구이인 경우 직사각 형을 사용되기도 함
코노모노 (小物)		– 간장종지보다 조금 큼 – 5×6cm가 일반적인 형 태임	– 절임류를 주로 사용 – 경우에 따라 소스나 액 상류를 담기도 함
아에모노 (和物)		– 10cm 내외의 크기	– 숙채나 생채를 담을 때 사용함 – 경우에 따라 조림류를 담기도 함
오시보리바코 (お絞りばこ)		– 물수건보다 조금 큼	– 물수건 담는 용기 – 여름에 주로 대나무로 만든 것을 사용 – 겨울에는 따뜻한 느낌의 토기류를 사용

일식 프리젠테이션

일본음식은 주로 색과 모양의 특징을 살려 연출하며, 그릇의 형태가 다양하여 음식마다 다른 모양의 그릇에 조화롭게 담아낸다. 우리나라에 비하여 평면적이기보다는 서양음식처럼 입체적 레이아웃을 많이 사용하며, 주재료와 부재료의 분리 연출보다는 통합적인 것이 특징이다.

담기의 기본

일본음식을 그릇에 담는 데에는 일정한 양식과 법칙이 있다. 이는 오래된 종교상의 이유, 세시풍속, 고서에서 유래한 것, 미신 등에서 이유를 찾을 수 있다. 시각적인 아름다움도 일본요리의 경우에는 중요한 의미를 가지고 있다.

종교상의 이유나 습관에서 온 것은 특별한 것으로 지역적인 차이가 있다. 예를 들어 일부 지역에서는 축하용으로 사용되나 다른 지역에서는 제례용으로 사용되는 것도 있다. 일반적으로는 그릇과 조화를 살려 담는 것이 기본이다.

그림 4-24 **수미산**

NEW TABLE & FOOD COORDINATE

일본요리에 있어서 담기의 기본은 회(膾; 잘게 저민 날고기 또는 무, 당근 등을 썰어 초에 무친 것)이다. 이것은 일본의 오래된 요리 중 어패류를 산미^{酸味}에 생식하는 조리법으로 생선회도 회의 하나이다. 일본요리에서 회를 그릇에 담을 때에는 자연의 형태를 축소한 수미산(須弥山; 불교의 세계관으로 세계의 한가운데에 높이 솟아 있다고 하는 산)을 형상화하여 담는 것을 기본으로 한다.

담는 방법

일반적으로 재료 배합, 써는 방법, 담는 방법 등은 시대에 따라 변화되어 왔으며 절대적인 규칙이 있는 것은 아니다. 그러나 일본요리는 오미 · 오색으로 담아 음양^{陰陽}의 조화로 담는 것을 기본으로 한다. 이것은 오미 · 오색 · 오법과 음양오행설의 항목으로 상세하게 나눠진다.

오미^{五味}는 신맛, 쓴맛, 단맛, 짠맛, 감칠맛의 5가지를 말한다. 여기에서의 매운맛은 고추나 후추와 같은 매운맛으로 엄격히 보자면, 맛에 해당되지 않고 향신료에 해당된다.

오색^{五色}은 적색, 황색, 청색, 백색, 흑색으로 음식의 색 배합에서는 조화가 요구된다.

오법^{五法}이란 생식, 구이, 조림, 튀김, 찜의 5가지 조리법을 말하는 것으로 오행설에서 나온 것이다. 또한 음양으로 담는 것은 일본요리의 원칙이며, 음양에는 색의 음양, 형태의 음양, 음식 자체의 음양 등이 정해져 있다.

그릇과 담기의 범위

경험의 축적으로 능숙한 감각을 가진 조리사가 자신만의 감각으로 음식을 담는 경우에도 규칙이 있으며 원래대로 자연스럽게 담게 된 것이다.

음식을 담는 경우 보통은 그릇의 여백미를 충분히 활용할 수 있다.

* 원형 그릇의 경우 원형에 내접하는 정방형을 그리고, 정방형 안에 내접하는 원의 범위 내에서 담는다.
* 정방형 그릇의 경우 정방형 내에 내접하는 원을 그리고 원 안에 내접하는 정방형의 범위 내에 담는다.
* 타원형이나 장방형의 그릇에도 위의 사항에 준하여 담는다.

* 다각형이나 변형된 그릇의 경우 그릇 전체의 윤곽에서 반대되는 원형 또는 사각형에 담는다. 보통은 육각, 팔각 등의 정다각형의 경우 원형, 타원형으로 생각하고 그 범위를 결정한다.

제사나 불공음식 등 특수한 경우에는 수북히 올리거나 몇 단씩 쌓아서 담기도 하나, 일상식의 경우에는 기본으로 담는다.

또한 계절에 따라서도 담는 방법을 변화시킬 필요가 있다. 여름에는 시원하게 보이기 위해서 여백을 많이 주어 갑갑해 보이지 않도록 담고, 겨울에는 따뜻함을 느낄 수 있도록 담는다.

그릇에 담는 위치

그릇에 음식을 담을 때는 크기나 숫자에 따라 그릇과 잘 조화가 될 수 있는 위치에 담는다. 이때 색채와의 조화도 고려한다. 보통은 음의 그릇에는 양을, 양의 그릇에는 음을 담는 것을 원칙으로 하나 이것은 어디까지나 요리의 시각적인 효과를 목적으로 하며 실제 요리를 담을 때 반드시 이런 규칙에 따라야 하는 것은 아니다.

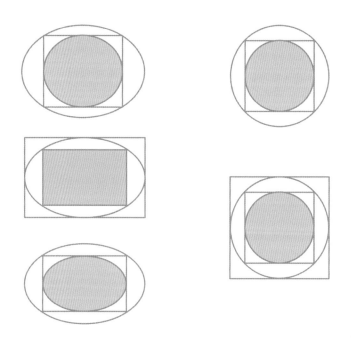

그림 4-25
그릇의 여백을 이용한 담기

일반적으로 그릇에 음식을 담을 경우에는 깊은 그릇은 약간 뒤쪽으로, 속이 얕은 그릇은 약간 앞쪽으로 담는 것이 중요하다. 이것은 사진을 찍어보면 쉽게 알 수 있다. 깊은 그릇의 경우에는 정중앙에 담으면 약간 앞으로 나와 보이므로 시각적으로 약간 뒤쪽에 담는 것이 보기에도 안정적이다.

고전적인 담기

예로부터 전해 내려오는 기본적인 담기 방법이다. 담는 요리의 형태, 크기, 수량, 음식의 양, 식기의 관계에 있어서 오랜 경험을 통해 자연적으로 결정된 것이다.

표 4-3 **고전적인 담기의 방법**

담는 방법	사진	설명
스기모리		– 삼나무 형태에서 유래한 것으로 응용범위가 가장 넓음 – 그릇 바닥에서부터 차례로 담는 것으로, 원추형이며 안정감이 있음 – 스기나무 : 삼나무
타와라모리		– 쌀가마를 쌓아 놓은 듯은 형태 – 일정한 모양을 담을 때 주로 사용되는 담기 방법
카사네모리		– 그릇의 바닥에서 순차적으로 올려서 담는 형태 – 타와라모리보다 좀더 안정감 있게 담는 방법
타이모리		– 평면이 되게 일렬로 담는 형태 – 주로 히라즈쿠리의 생선회에 응용되는 담기 방법
마제모리		– 원추형 – 여러 가지의 식재료가 혼합된 경우에 사용하는 방법
아와세모리		– 일정한 거리를 두고 흩어지지 않게 담는 방법 – 요세모리라고도 불림

NEW TABLE & FOOD COORDINATE

찬합에 담기

현재는 정월 요리를 주로 찬합에 담지만, 예
전에는 꽃놀이, 연극공연, 뱃놀이, 산놀이,
병문안 등에 다양하게 사용되었다.

그림 4-26
찬합의 음식 가짓수에 따른 구획법

찬합은 본래 4단이 기본으로 위에서부터 1단은 전채, 2단은 안주, 3단은 생식
류, 4단은 조림 등을 담는다. 4단에 담는 조림에 있어서는 동경을 중심으로 한
관동지방은 빈틈없이 담는 것을 원칙으로 하나, 오사카를 중심으로 한 관서에
서는 여유 있게 담는다.

다음 그림은 찬합에 음식을 담는 원칙으로 예로부터 전해 내려오는 방법이다.

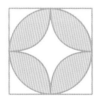 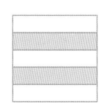 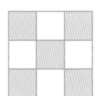

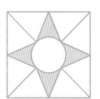  

그림 4-27
찬합에 담는 형태에 따른 분류

실제 연출법 시연

센즈케 先附け

가장 처음에 제공되는 요리로 한 가지 또는 2~3가지가 같이 나오기도 한다. 양은 소량이며 다음에 제공될 요리에 너무 강한 영향을 주는 농후한 맛이나 향이 진한 음식은 피하는 것이 좋다.

젠사이 前菜

메인이 되는 요리가 있을 경우 그 전에 식욕을 증진하는 목적으로 술을 곁들이기도 한다. 근래에 와서는 시각적으로 아름다운 음식들이 주로 등장한다.

제철에 나는 식재료를 사용하여 계절감을 느낄 수 있으며 소량을 담아 그릇의 여백을 살리기도 한다.

쯔쿠리 作り

사시미를 뜻하는 관서지방의 용어로 주로 생선회를 말한다. 사시미는 일본요리를 대표하는 가장 고전적인 요리로 어패류를 생식하는 조리법이다.

야키모노 燒き物

생선구이가 대표적이나 그 밖에도 기교가 뛰어난 야키모노가 많이 있다. 화로 위에 계절의 채소나 어패류들을 넣고 구워 그 용기 그대로 제공하는 경우도 있다.

스노모노 酢の物

초회라 하더라도 반드시 식초가 들어가야 되는 것은 아니다. 식초의 양을 조절한 가감초, 초된장, 참깨장 등의 다채로운 소재를 사용하기도 한다.

니모노 煮物

조림 등의 조리법으로 산채나 해산물 등 계절 재료를 조려 그릇에 담아내는 것이다.

주

1/ 수잔(Suzan)이라는 여인이 처음 고안해 냈기 때문에 수잔 테이블(Suzan table)이라고도 한다.

2/ 손잡이가 짧은 자기로 된 수저. 수프를 먹을 때 렝게만으로 먹어도 되며, 국물이 있는 뜨거운 요리를 먹을 때는 왼손에 렝게를 주고 오른손에 젓가락을 이용, 요리를 렝게 위에 얹어 식혀가며 먹을 수도 있다.

3/ 10종류 이상의 냉채를 한 접시에 담은 음식이다.

4/ 꽃 모양으로 튀긴 음식이나 과자류 등을 꽃 모양으로 형상화하여 한 접시에 담은 냉채이다.

5/ 두 종류의 냉채를 한 접시에 담은 음식이다.

6/ 세 종류의 냉채를 한 접시에 담은 음식이다.

7/ 물을 매개체로 하여 강불, 약불, 강불 3과정을 거쳐 음식을 조리하는 것으로 제2과정에서 뚜껑을 덮고 약한 불로 오랫동안 조린다.

8/ 조림에 해당하는 조리법으로 지짐, 튀김, 볶음, 찜, 끓임 등으로 먼저 가열한 후 조미료와 물을 넣고 강한 불로 가열하여 끓으면 약한 불에서 맛이 배도록 조린 다음, 마지막에 물 전분을 넣고 강한 불에서 즙을 걸쭉하게 조리한다.

9/ 튀김, 지짐, 볶음의 과정을 거쳐 익힌 재료 또는 따뜻한 물에 담가서 잘 씻어낸 재료를 조미료, 탕 즙과 함께 질그릇 냄비에 넣고 강한 불로 가열하여 끓인 후 약한 불로 장시간 가열하는 일종의 자(煮, 물을 매개체로 하여, 재료를 넣고 강한 불로 끓여서 끓기 시작하면 중불이나 약한 불로 하여 비교적 오랫동안 가열하여 조리하는 방법)에 속하는 조리법이다.

10/ 식탁은 잘 배치되어 황제는 모든 사람을 볼 수 있었다. 그리고 그들은 수없이 많았다. 그러나 모두가 식탁 앞에 앉지는 않았다. 대부분의 무사와 하위 귀족들은 식탁이 없어서 홀의 카펫 위에서 음식을 먹었다. 홀의 중앙에는 정사각형의 상자와 같은 매우 아름다운 대좌가 있었다. 각 면은 약 세 걸음 길이였고 동물을 나타내는 도금된 조각이 세련되게 장식되어 있었다. 대좌의 중심은 빈 공간으로 값진 화병과 좋은 포도주 및 음료수를 담은 큰 용량의 금빛 주전자를 두었다.

NEW TABLE & FOOD COORDINATE

5 테이블
연출

5 테이블 연출

스타일style이란 용어는 이집트의 파피루스에 쓰는 철필styus에서 비롯되었다. 쓰기, 문체, 양식으로 의미가 전이되는데, 사전적으로는 물건 등의 종류와 형태, 모양을 뜻하며,' 행동등의 독특한 방법'으로 규정되기도 한다. 테이블 연출에는 클래식, 엘레강스, 캐주얼, 모던, 에스닉, 내추럴 스타일 등이 있다.

1. 클래식 Classic

라틴어 '최고class'의 뜻에서 유래되었으며 '일류의, 표준적인, 최고 수준의'라는 의미로 사용되고 있다. 이집트, 그리스, 로마 건축 양식을 바탕으로 남성적이며, 극적인 분위기를 계승한 바로크 시대풍風과 르네상스의 절제미節制美와 질서미秩序美를 계승한다.

일반적으로 클래식 스타일은 영국의 양식미樣式美와 격조 높은 이미지를 떠오르게 한다. 따라서 클래식 스타일의 테이블 연출이란 '명품'의 테이블웨어와 커틀러리 등의 조화로 성숙한 느낌을 연출하고, 벨벳과 실크 섬유, 금색을 배합한 고품질 소재의 린넨을 사용하여 화려하고 중후한 분위기를 조성한다. 일례로 영국식 테이블 세팅은 테이블클로스를 사용하지 않고, 마호가니mahogany[1] 원목 테이블의 느낌을 살리기 위해 오간디organdy[2]나 테이블 매트를 주로 사용한다.

이미지

클래식한 분위기는 원숙미와 성숙한 취향의 고전적, 전통적인 멋이 가미되어 안정감이 돋보인다. 즉, 깊이감과 격조감이 내재되어 있는 분위기이다. 전통성과 윤리성을 존중하고 풍요로움을 추구하는 비교적 여유 있는 사람들이 선호하는 이미지이다. 깊이감이 있는 어두운 색을 기조색으로 하며, 대비는 약하게 하는 것이 어울린다. 장식이 수려한 디자인을 선택한다. 세련됨을 기조로 '전통적이며, 보수적이고, 견고하다'라는 이미지를 주고, 통일과 조화로운 구성 연출에 역점을 둔다.

식공간

클래식 스타일은 권위와 위엄이 중시된 공적 공간의 분위기에 적합하다. 바로크 양식의 극적인 공간 연출로 형성된 강렬함, 위엄성은 관공서나 종교 건축 등에 폭 넓게 응용되어 왔으며, 사적 공간, 즉 주거공간에 적용될 경우에는 현관 입구, 벽난로, 가구의 장식 등에 제한되어 쓰였다.

수공으로 제작된 장식이나, 고급스러운 이미지의 가구들이 클래식 이미지를 잘 살려주며, 중후함이 돋보이는 공간에 어울린다. 여기에 은은한 조명으로 기품을 더하도록 한다. 단, 전체의 이미지를 고려하여 정돈되어 있지 않으면, 무거운 분위기로 전락할 우려가 있고, 또한 금색이나 장식을 과다하게 사용하면, 지나치게 화려해 보일 수 있으므로 주의한다. 갈색 톤으로 안정된 분위기를 유지하는 것이 무난하다.

표 5-1 **클래식 스타일의 연출**

분류	연출방법
공간 디자인	– 대리석과 고급의 페르시아산 카펫 – 장식성이 뛰어난 조명기구 – 장미목rosewood3/, 마호가니mahogany4/ 재질의 테이블 – 나무 결을 그대로 살린 어두운 색조의 바닥재 – 벽면 일부에 어두운 톤을 사용하거나 파피루스, 종려나무, 소용돌이 등 무늬가 있는 벽지로 안정된 분위기를 연출 – 인공적인 재료보다는 나무 등의 천연재료 사용 – 고전적이고, 고풍스러운 깊이 있는 색, 어두운 색을 주로 배색 – 중후한 난색 계열에 흑색, 청색, 보라색의 배합으로 깊이감을 연출 – 한색 계열을 주조색으로 연출하면 침착한 분위기를 조설할 수 있으며 또한 남성적 이미지를 연출할 때 적합 – 버건디, 와인 레드, 네이비 블루
식기	– 유백색의 디너웨어, 명품의 본 차이나 세트 – 깔끔한 금색 라인의 식기류나 깊이감이 있는 색의 테두리가 있는 것 – 접시의 중앙 부분에 무늬가 없는 것
커틀러리	– 은silver이나 은도금silver plated의 커틀러리 – 손잡이 부분이 고급스러운 명품 – 길이가 긴 유럽식의 정찬용 커틀러리
글라스	– 크리스털류
린넨	– 장식성이 풍부하거나 은은한 무늬의 테이블클로스(경우에 따라 생략 가능) – 50cm×50cm, 55cm×55cm 크기의 무늬가 없는 흰색의 냅킨 – 테이블클로스와 냅킨은 세트 제품 권장 – 고전적인 문양의 패턴이나 손으로 수를 놓은 제품도 가능 – 전통적인 다마스크 직물이나 린넨 – 벨벳velvet이나 실크silk로 트리밍한 고급스러운 러너
식탁소품	– 은으로 만든 피기어 – 촛대 등을 악센트로 활용 – 일반적으로 냅킨 링은 사용하지 않음
연출의 예	– 최고급 코스 요리를 곁들인 정식의 만찬 – 결혼식 상차림, 부모님 생신상 등 격식을 차린 상차림 – 보수적이며 전통을 존중하는, 경제적으로 여유가 있는 계층 대상의 고급 레스토랑 – 호텔 내의 레스토랑

NEW TABLE & FOOD COORDINATE

그림 5-1 **클래식 스타일**

2. 엘레강스 Elegance

라틴어 '선발된'의 뜻에서 품위 있는, '우아한, 고상한, 아취雅致 있는'의 뜻으로 풀이된다. 프랑스의 양식미樣式美를 이미지화한 것으로, 다분히 여성 취향적이다. 섬세하면서 품위가 돋보이고, 균형이 잡힌 평온한 분위기를 뜻한다.

이미지

기품 있는 우아미로 세련된 성인 여성을 연상케 하며, 색의 미묘한 그라데이션 gradation을 기조로 아름다운 곡선과 섬세한 자수, 레이스 등 우수한 품질의 고급 소재를 조화시킨다. 로맨틱한 스타일의 파스텔 톤에 회색 계열의 중후함을 가미하면, 경박스럽지 않고, 고급스러운 이미지를 연출할 수 있다.

약간 그늘진 듯한 느낌, 부드러운 곡선이 흐르는 듯한 유려함, 안개빛 유리로 투과되는 듯한 빛의 파장 등 깊은 정서가 감도는 운치 있는 이미지이다. 부드러운 회색을 중심으로 적자색계와 보라색이 대표적이다. 색상의 수를 가급적 줄이고, 전체적으로는 부드러운 톤의 분위기를 조성하는 것이 좋다.

식공간

섬세하며 세련됨이 돋보이는 공간연출이 중요하다. 배색은 대비감이 약한 칼라와 은은한 음영^{gradation} 톤으로 정리한다. 엘레강스한 식공간은 우아한 분위기를 중시하므로, 콘트라스트^{contrast}를 주지 않는 것이 일반적이다. 가구는 탄력적이고, 부드러운 곡선을 강조한 것이 특징이다.

엘레강스한 테이블의 연출에는 유려한 곡선과 대비가 약한 것이 어울리고 실크, 새틴^{satin5/} 등 약간의 광택 있는 린넨이 적당하다. 또한 진주나 고급 도기 등의 품위 있고, 섬세한 질감을 살리도록 한다. 특히, 이러한 이미지의 연출을 위해서는 세밀한 부분까지 신경써야 한다.

그림 5-2 **엘레강스 스타일**

표 5-2 **엘레강스 스타일의 연출**

분류	연출방법
공간 디자인	- 크리스탈 샹들리에 또는 적당히 중량감이 있는 유연한 디자인 - 바닥재와 카펫의 색상이 너무 밝거나 어두운 것은 금물 - 등나무나 호두나무^{walnut6/} 등의 온화한 나무결을 살린 테이블 - 채도가 높고, 강렬한 색은 자제 - 고전적으로 보라색 계열이 주로 사용 - 여성스러움을 강조하기 위하여, 붉은 적자색이나 보라색이 기초 - 화려한 색보다는 약간 채도를 낮춰 순색에 가까운 색이 적합 - 그레이시한 색을 효과적으로 배치

(계속)

분류	연출방법
식기	– 흰색, 금색, 은색의 자기나 본차이나를 중심으로 한 파스텔 톤의 컬러 – 새, 조개, 꽃, 과일과 같은 생명체를 연상 – 곡선의 장식 – 디너웨어는 세트 제품을 사용
커틀러리	– 품위 있는 조각과 디자인 제품이 적당 – 장식성이 풍부한 제품은 뒤집어서 세팅
글라스	– 장식이 유려한 크리스털류
린넨	– 흰색을 기본으로 한 파스텔 톤의 컬러가 기조 – 마, 투명감이 있는 소재나 레이스, 자수 등 우아하고 고급스러운 제품 – 테이블클로스와 냅킨은 동색 계열 – 섬세하고, 아름다운 볼륨감이 돋보이는 제품
식탁소품	– 은은한 색의 꽃으로 곡선을 살려서 부드러운 느낌으로 연출 – 고급스러운 도자기 인형 – 은제품의 소금, 후추통 – 진주를 이용한 소품 활용 – 소품은 꽃무늬와 기타 작은 무늬의 조화를 중심으로 하되, 무늬의 윤곽이 　두드러지지 않도록 주의
연출의 예	– 연인을 위한 프러포즈 상차림, 발렌타인 데이valentine day 등의 로맨틱romantic 　한 분위기 연출의 상차림 – 어머니의 생신 상차림 – 결혼기념일 상차림 – 부드럽고, 섬세한 감각을 가진 30대 이후의 여성층 대상의 레스토랑

3. 캐주얼 Casual

라틴어 '일어난 일의'라는 뜻에서'우연의, 되는 대로의, 약식의informal'라는 의미
로 쓰인다. 양식이나 모양에 구애받지 않고, 자연소재나 인공소재를 배합하는
등 자유로운 발상으로 연출한다.

투명감이 있는 적색, 황색, 녹색 등 생생한 컬러를 중심으로 다색상 배합을
통해 발랄한 분위기를 연출한다. 편안하고, 개방적인 느낌이 캐주얼 이미지의
포인트이다.

이미지

가벼운 캐주얼light casual, 퓨어 캐주얼pure casual, 내추럴한 캐주얼natural casual 등으로 세
분하기도 한다. 밝고 맑은 컬러와 화사한 느낌 등으로 다양한 식탁의 연출이 가

능하다. 정형화된 틀이 없으므로, 연출가의 상상력에 맞춰 다양한 시도가 가능하다. 일반 가정식 상차림처럼 실용적이고, 편안한 분위기의 연출에 적당하다.

식공간

고루하지 않고, 자유분방한 분위기의 식공간 연출에 주안점을 둔다. 밝고 선명한 컬러, 스포티sporty하고 콘트라스트가 강한 배색, 편안한 컬러 터치color touch, 팝pop적인 리듬감 등 그림이나 음악은 물론 일상생활 모든 부문에서 특별히 멋을 부리지 않는 듯한 여유가 있는 감각이다. 일상적으로 부담 없이 소품 연출을 즐길 수 있으며, 주로 편안한 분위기의 인테리어가 캐주얼 감각에 어울린다. 백색톤과 부드러운 아이보리색을 기조로 적·황·청색의 컬러풀한 소품으로 포인트를 주면, 멋진 분위기를 연출할 수 있다. 그러나 너무 많은 수의 색상을 사용하면, 오히려 분위기가 산만해질 수 있으므로, 2~3가지 색으로 한정시켜 젊고, 밝은 느낌으로 정돈한다. 색을 선택할 때 화려한 색상의 비례가 너무 많으면 호화로운 이미지의 연출은 가능하나, 상대적으로 안정감이 떨어질 우려가 있다.

전체적으로 악센트 컬러를 10~20% 정도로 제한하면, 오히려 두드러짐의 효과가 살아나 안정된 분위기 속에서도 화려한 이미지를 즐길 수 있다. 스틸과 천, 나무

그림 5-3 **캐주얼 스타일**

NEW TABLE & FOOD COORDINATE

표 5-3 **캐주얼 스타일의 연출**

분류	연출방법
공간 디자인	– 자연스럽고, 활발하며 경쾌한 분위기 연출 – 화려한 색이나 단순한 형태의 디자인 – 바닥소재로는 밝은 느낌의 나무가 적당 – 컬러는 화려하게 배색처리한 것을 중심으로 부드럽고, 청명한 색 또는 화려한 톤에 백색의 톤을 배색 – 밝은 색에서 어두운 색, 탁색에서 순색까지 폭 넓은 선택이 가능 – 채도가 높은 맑은 색을 주조색으로 선택 – 순색을 사용하면, 활기찬 느낌을 표현 – 오렌지 계열과 노랑 계열을 주조색으로 선택할 때에는 순색 계열의 색보다 밝고 맑은 색을 사용하는 것이 효과적 – 대비가 강한 배색을 하면, 긴장감이 조성
식기	– 스톤웨어stoneware, 두께가 없는 자기나 도기, 플라스틱 식기, 아크릴 식기, 일회용 식기도 무방 – 원색의 화려한 식기나 우리나라 전통의 옹기도 활용 가능 – 귀여운 무늬나 화려한 장식이 없는 투박한 스타일 – 각기 다른 회사 제품의 그릇을 매치하기도 함 – 다양한 색조를 혼합하여 조화를 이루는 것도 아이디어 – 표면이 거친 식기는 성긴 조직의 냅킨과 어울림
커틀러리	– 스테인리스 제품이나 일회용 플라스틱 제품 – 나무 핸들, 고무 핸들 등 다양한 소재 – 모든 코스를 하나의 커틀러리로 사용해도 무방 – 유럽식보다 약간 짧은 미국식 스타일이 적당
글라스	– 스템stem이 두껍고, 장식성이 없는 것 – 유색의 유리잔 활용 – 두꺼운 강화 컵이나 모양이 있는 컵 – 경우에 따라서는 테이블 위에 커피잔 세팅도 가능
린넨	– 비비드vivid 컬러의 테이블클로스 또는 다양한 소재의 매트place mat 활용 – 체크, 스트라이프stripe, 프린트 무늬 등 다양한 패턴과 목면, 폴리에스테르, 면, 종이 냅킨 등 다양한 소재도 가능 – 40cm×40cm, 45cm×45cm의 냅킨이 적당 – 보색의 냅킨은 식탁 연출의 악센트 효과 – 다색상의 대비로 코디네이트 – 격자 무늬 디자인의 테이블웨어에 점 무늬의 냅킨 또는 꽃 모양의 테이블클로스에 줄무늬의 냅킨을 매치하는 등의 시도 효과 – 디자인의 규모는 비슷한 비중을 유지하는 것이 핵심
식탁소품	– 센터피스로는 색이 선명한 꽃을 선택 – 식기를 이용한 자연스러운 이미지 연출을 시도하거나 유리 화기를 사용 – 다양한 소재의 냅킨 링을 활용 – 조약돌이나 과일을 이용하여 경쾌한 이미지를 연출
연출의 예	– 아침식사 상차림, 약식의 점심 상차림 – 원색의 화려한 어린이 생일 파티 – 야외의 상차림, 가든 파티, 바비큐 파티, 뷔페 – 20대 전반의 자유로운 기질과 생활을 즐기는 층을 겨냥한 레스토랑, 캐주얼 다이닝 레스토랑, 패스트푸드점

와 스틸, 플라스틱과 나무 등으로 조화시킨 단순한 디자인이 효과적이다. 이탈리아[Italy]풍의 현대적이고 화려한 소파, 의자 등이 캐주얼 감각의 연출에 효과적이다.

4. 모던 Modern

라틴어 '바로 지금'의 뜻에서 '근대의, 근세의, 현대의'에 대한 말로 현대식의, 새로운, 최신의[up-to-date]의 뜻으로 쓰인다. '현대의 것'이란 의미로 그 시대 최신의 선구적인 스타일을 뜻한다. 따라서 모던[7]은 변화가 크고, 시대의 흐름을 반영한 새로운 스타일로 도회적이고, 시원한, 기계적인 느낌의 디자인에서 출발한다고 할 수 있다. 넓은 의미로는 교회의 권위 또는 봉건성에 반항하여 과학이나 합리성을 중시하고, 널리 근대화를 지향하는 것을 말하지만, 좁은 의미로는 기계문명이나 도회적 감각을 중시하여 현대풍을 추구하는 것을 뜻한다.

모던 스타일은 양식적인 장식을 거부하고, 공업화가 가져다준 고기능성과 합리성을 보다 많이 생략해 추상화한 형식으로 표현하려고 한 것이다.[8]

이미지

도회적 감성, 하이테크한 분위기를 기본 바탕으로 하며 진취적이고, 개성적이며 진보적인 감각의 이미지를 추구한다. 하이테크, 미니멀리즘으로 규정지을 수 있다. 분명한 선과 단순한 디자인을 중심으로 기능 위주의 현대적인 감각의 분위기를 연출하며, 무채색의 모노톤을 배열하거나 악센트 컬러로 원색 계열만 나열하는 것이 테크닉이다.

장식이 배제된 단순한 기능 위주의 제품으로 경쾌한 스타일의 디자인이 그 예이다. 특정의 젊은층이 즐겨 찾으며, 스테인리스, 아크릴, 고무 등이 이미지의 소재로 채택된다. 색은 무채색, 금속 색을 기본으로 한다.

식공간

이성적인 기준, 객관적인 질서, 보편적인 공간을 규범으로 한다. 일반적으로 차가운 색을 기조로 대담한 컬러 대비와 명암 대비로 미래지향적인 감각을 느끼

그림 5-4 **모던 스타일**

게 하는 디자인과 이질적 이미지와의 과감한 조화를 시도하는 독특한 디자인
이 선호된다. 흰색과 검정색, 회색 계통의 무채색이 일반적이고, 유채색일 경우
에는 약간의 컬러 감각만 전달시키는 것이 좋다. 차갑고, 하드한 이미지의 컬
러 톤들에 대비감이 강한 배색 효과를 주면, 기능적이고 모던한 감각을 적절히
표현할 수 있다. 혹은 색감이 있는 난색계의 색상을 첨가하면 캐주얼한 분위기
와 강한 악센트 효과를 동시에 연출할 수 있다. 가구는 산뜻하고 디자인의 감각
이 돋보이는 것으로 금속, 유리, 플라스틱, 가죽 등으로 된 차가운 감각의 것들
이 선호된다. 모던 스타일의 테이블 연출은 직선과 곡선이 적절히 혼합된 테이
블웨어나 직선적이고 날카로운 느낌의 제품도 고려할 수 있다. 기능적이고 첨
단의 감각이 돋보이는 조명기구와 대담한 디자인의 상품들을 시도해 보는 것
도 좋다.

표 5-4 **모던 스타일의 연출**

분류	연출방법
공간 디자인	– 무채색 계통으로 도장한 바닥재 – 회색계의 카펫 – 흰색 또는 단색의 벽지나 단순한 줄무늬 벽지를 사용하여 심플한 분위기 연출에 주력 – 흰색의 테이블이나 원색의 테이블도 응용 – 내추럴한 색조와 목재, 돌, 타일, 코르크[9/], 타일, 종이, 천, 가죽 소파 – 로만 셰이드[10/]나 버티컬 블라인드[11/] – 단순한 형태의 가구와 가죽을 이용한 소품 또는 금속 장식 – 흑색과 백색의 코디네이트로 도시적 세련미를 연출 – 간결하고, 깔끔한 디자인이 선호 – 현대적인 분위기와 유리나 스테인리스 스틸 등의 소재 활용 – 깊이가 있는 청색 계열과 백색, 흑색, 회색의 무채색과의 배색 고려 – 기계적인 이미지 연출을 위하여 밝고, 그레이시한 색 사용
식기	– 추상적인 무늬와 기하학적인 패턴 시도 – 스테인리스 스틸의 식기 – 두께가 얇고, 날카로운 느낌의 식기 – 사각 식기의 적절한 활용
커틀러리	– 직선의 선을 강조한 제품 – 스테인리스 스틸 소재 등 손잡이의 색상이나 소재가 특이한 제품 – 독특한 디자인의 커틀러리로 포인트
글라스	– 스템 부분에 색이 들어간 것 – 단순한 선을 강조한 것
린넨	– 무지無地의 패브릭이나 기하학적 무늬 혹은 과감한 스트라이프 무늬 – 모노 톤의 흑백이 섞인 면 제품 – 폴리에스테르 등 다양한 종류의 소재도 가능
식탁소품	– 플라스틱이나 아크릴 소품 등 차가운 느낌의 금속 소품 – 부피감이 있는 센터피스는 금물
연출의 예	– 디자인을 중시하고, 세련된 감각을 추구하는 고객 대상의 음식점 – 도시적 성향을 가진 사람들을 대상으로 하는 상공간商空間 – 최신 유행의 바[bar], 커피 전문점

5. 에스닉 Ethnic

에스닉의 사전적인 정의는 '인종의, 민족의, 민족학의, 민족 특유의, 소수민족의'라는 뜻으로 래디칼^{radical}이 피부나 눈의 빛깔, 골격 따위를 통해서 본 경우에 쓰인다면, 에스닉은 언어와 습관, 관습 등을 통해서 본 경우에 해당된다.

보다 민속적이고, 토속적·전통적 개념으로 오리엔탈리즘보다 간결하면서도 부드럽고, 섬세한 이미지로써 원시자연으로 회귀하고자 하는 인간의 욕구를 충족시킨다. 복잡한 기계와 상업성에서 벗어나 간결함을 추구하는 데 그 목적을 두고 있다.

따라서 에스닉은 그 내용적 특성에 있어 과거로의 회귀와 전통성에 대해 강조하고 있지만, 기술적으로는 현대의 기술을 사용하고, 현 사회의 실체들과 직면하고 있으므로 필연적으로 이중적인 코드를 갖게 된다. 즉, 특정지역을 대표하는 '보편성^{universality}'과 동시에 기타 지역에서도 쉽게 발견하기 어려운 '독자성^{personality}'을 포함하고 있어야 한다. 또한 같은 맥락에서 '낯섬^{unfamiliarity}'과 '익숙함^{familiarity}'의 이중적 코드를 동시에 취해야 한다. 즉, 에스닉 디자인이란 개별문화의 특수 형식과 내용이 타문화권에서 사용되어 상호소통이 가능한 문법으로 구현된 것으로 정의할 수 있을 것이다.

그림 5-5 **에스닉 스타일**

이미지

이처럼 특정 민족의 독특한 스타일을 의미하는 에스닉은 '민족적'이라고 풀이되며, 세계 여러 나라 민족의 생활풍습, 민속의상, 장신구, 라이프스타일에서 영감을 얻어 발전되었다. 에스닉 스타일이란 유럽 이외의 세계 여러 나라의 민속적인 요소들과 민족 고유의 염색, 직물, 자수, 액세서리 등에서 영감을 얻어 디자인한 패션에서 비롯되었다.

20세기 초기 패션에 처음으로 도입되었던 에스닉 스타일은 지금까지는 서양적인 관점에서 보는 동양적인 것을 의미했다. 하지만, 21세기의 에스닉은 다국적인 경향으로 새롭게 재해석되고 있다. 에스닉이 갖는 이미지로는 야외의 정원이나 밝은 실내에서의 아프리카 스타일, 또는 동남아시아, 남미, 남태평양 국가 등의 민족성과 샤머니즘적, 종교적인 것으로 종합할 수 있다.

표 5-5 **국가별 에스닉 스타일 연출**

국가	장식적 요소	컬러의 패턴
인도(India)	- 화려한 비즈 장식 - 식물의 무늬인 페이즐리[12/]	- 검은빛의 붉은색이나 짙은 푸른색
인도네시아 (Indonesia)	- 목재, 도기 등 원시림을 연상케 하는 것 - 기하학적인 무늬나 새, 꽃 등의 디자인	- 현란하고, 화려한 원색의 컬러 프린트[13/]
아프리카 (Africa)	- 모로코풍, 대자연이 연상되는 이미지, 목각 제품 - 동물의 형상을 이용한 린넨류와 에스닉 모양의 접시	- 검은색과 오렌지색
스페인 (Spain)	- 이국적인 프린트, 화려한 색상	- 붉은색과 초록색 - 지중해의 쪽빛
중동 (Middle East)	- 사람, 동물, 꽃, 과일 등을 포함하는 아라베스크 무늬 - 이슬람의 독특한 장식미술인 당초무늬나 기하학적 문양의 조합	- 짙은 나무색이나 흙의 색
아르헨티나 (Argentina)	- 거친 면의 도자기 - 구리로 만든 장식 소품	- 은기를 주로 한 검은색과 오렌지색의 조화 - 노란색과 파란색

색감으로는 그린색이나 강렬한 오렌지색 등의 자연을 닮은 색, 붉은색, 검은색, 노란색 등의 원색, 흙에 가까운 나무 색깔이나 카키색 등이 속한다. 또한 손으로 작업한 듯한 투박한 느낌과 다소 거친 느낌이 어울린다.

식공간

사회경제적 및 기술환경적 측면에서 정보사회로의 진행이 가속화될수록, 세계의 모든 지역과 국가들이 민족주의 혹은 국가주의에 대해 더욱 높은 관심을 보이게 될 것이라는 전망은 세계 도처에서 현실로 나타나고 있다.

이는 세계화^{globalization}와 지역화^{localization}라는 동시발생적 상황 앞에서, 다른 한편으로는 문화 특히 지역문화의 특수 가치에 대한 인식이 높아가고 있음을 의미하는 것이다. 공간 디자인도 마찬가지로 세계화라는 이름 아래 진행되고 있는 또 다른 보편가치의 추구에 대응하여, 민족 고유의 가치를 새롭게 이해하고 해석하여 문화적 자기동일성$^{cultural identity}$을 회복하고, 맥락성을 구축하려는 움직임이 지역 문화의 생존전략의 형태로 나타나고 있다. 에스닉 스타일은 어떠한 나라를 배경으로 스타일링을 할 것이냐에 따라 다양한 소재로 연출될 수 있다 (표 5-5). 공통적으로는 화려하고 강렬한 색상과 독특한 무늬를 이용하여 손으로 만든 듯한 자연스러운 소품의 사용이 큰 특징이다.

표 5-6 **에스닉 스타일의 연출**

분류	연출방법
공간 디자인	– 각 나라 혹은 지역의 풍토를 배경으로 한 민족 특유의 양식 연출 – 이국적인 느낌의 연출을 위해서 깊이가 있는 색 주로 사용 – 토착적인 이미지의 연출을 위해 갈색이 깃든 배색 사용 – 매운맛은 적색을 사용하고 탁한 적색과의 배색 – 쓴맛은 어두운 색, 그레이시한 색, 탁색 계열로 하고 오렌지색으로 강조 – 자연석, 다듬지 않은 목재, 벽돌, 회반죽벽 등 자연 소재의 사용으로 전체적으로 거친 면이 있지만, 소박하고 따뜻하며 편안한 느낌의 연출이 포인트
식기	– 목재, 도기 등 자연 친화적 패턴이나 화려한 색상 – 천연목이나 칠기 또는 원시의 분위기를 낼 수 있는 것 – 동남아 식탁에 어울리는 큰 바나나 잎은 보조 접시의 역할로 활용 가능 – 무늬가 있는 금속 그릇이나 나무 그릇 등이 일반적이며, 배경 국가에 따라 은기류로 연출 – 매끈한 느낌보다는 투박하면서도 거친 질감의 식기가 적합
커틀러리	– 조개류, 나무, 동물의 뼈, 대나무 등을 모티프로 한 젓가락이나 스푼 – 숟가락이나 포크는 냅킨과 함께 부드러운 나무줄기나 풀잎 등으로 자연스럽게 묶어 이국적인 분위기를 연출
글라스	– 강렬한 색이 인상적인 유리잔 – 나무의 열매나 껍질의 느낌이 나는 자연소재의 제품 – 천연재료의 사용과 재활용 기법의 적절한 조화로 자연주의와 전원적 아취雅趣 추구
린넨	– 서로 다른 톤의 컬러 매치로 화려함이 돋보이는 수직물 – 천연소재인 면이나 마, 화려한 무늬의 아프리카풍 응용 – 디테일 처리에 있어 비전문적인 장식기법을 적용하는 것도 아이디어
식탁소품	– 지역을 상징하는 민예품, 동물의 뿔, 대자연 상징물 등 이국적 풍토미를 보여주는 장식물 – 커다란 잎사귀, 나무나 왕골 소품 – 센터피스로 열대 과일이나 음료를 담은 바구니, 토분에 담긴 꽃도 활용 – 손으로 만든 듯 투박한 수공手工의 미 강조
연출의 예	– 여름 상차림 – 다양한 열대과일과 잎사귀로 장식한 음식, 자연적인 맛과 멋을 살린 베트남, 태국, 인도, 멕시코 등지의 전통 요리 상차림 – 라이스 페이퍼rice paper, 베트남 쌀국수pho, 화지타 등 지역성을 살린 음식 세팅 – 외국인 대상의 토속 레스토랑

6. 내추럴 Natural

자연 요소를 장식적 형태로 도입하는 방법이 내추럴의 기본 틀이다. 즉, 자연을 소재로 한 흙, 돌, 물, 식물, 하늘, 빛과 자연광 등에서 도입한 것이 자연주의라 할 수 있다. 자연의 이미지를 그대로 살린 흙이나 나무로 만든 공예품, 도자기, 나뭇결을 살린 가구 등을 그 예로 들 수 있다. 또, 풀이나 나뭇잎 패턴으로 물들인 패브릭이나 벽지 등이나 손으로 직접 만든 듯한 느낌을 주는 것을 들 수 있다.

자연환경에 대한 관심은 모든 사회 전반에 걸쳐 변화를 요구하며 영향을 미치고 있다. 흔하게 주변에서 볼 수 있는 '그린, 에코, 지속가능, 환경 친화적, 유기농' 등에서 파생된 유사한 표현들은 모두 내추럴의 테두리 안에서 해석되어 접근할 수 있다. 특히 현대사회에서 내추럴은 실내 공간디자인에 있어 가장 기본적이고 핵심적인 디자인 도구로 사용되고 있다.

이미지

제품을 구매한다기보다 이미지를 사는 현대 소비자들의 정서는 단지 상품에 국한하지 않고 구매과정을 즐길 수 있는 공간 안에서 그 이미지를 찾으려는 경

그림 5-6 **내추럴 스타일**

그림 5-7 **내추럴 스타일**

향이 있다. 이는 상업적인 실내공간에서 자연 모티프를 이용한 표현방법이 다양하게 나타나며 이미지화되고 있는 현재의 트렌드를 반영한다. 특히 상업공간에서 내추럴 스타일의 도입은 공간의 쾌적함은 물론 안락함을 제공하고, 편안함과 즐거움을 주는 수단으로 소비자에게 어필하고 있다. 자연과 사람 사이의 관계 회복을 통하여 소비자들의 감성구매욕을 자연스럽게 불러일으킬 수 있기 때문이다.

　내추럴한 이미지의 연출에는 자극적인 색, 순색은 피하고 콘트라스트가 강하지 않은 배색이 좋다. 베이지·녹색·갈색·적색 등으로 연출한다. 가구의 대표적 자연 소재인 나무나, 최근 다양한 소재의 개발 결과, 가구에도 이러한 소재들을 응용한 융합적인 디자인들이 많이 선보이고 있다. 이 중 환경을 오염시키는 플라스틱과 같은 소재들이 점차 지양되고, 석재나 목재, 도장, 타일 등의 자연적인 재료의 사용이나 재생할 수 있는 자연 소재를 이용한 디자인이 크게 인기를 얻고 있다.

식공간

오늘날 우리는 한치 앞을 가늠할 수 없을 정도로 빠르게 발달하는 기계문명의 혜택 안에서 살고 있다. 그러나 양날의 칼처럼 문화의 획일성과 단조로움 등으로 인한 극단적 규격화가 이루어지고 있는 것도 사실이다. 결과적으로 현대인들이 추구하는 이상적 환경은 기술의 발달로 편리해진 생활과 더불어 문화 공

표 5-7 **내추럴 스타일의 연출**

분류	연출방법
공간 디자인	- 자연 소재와 색감을 살린 베이지, 브라운톤의 색채와 옐로, 그린 등의 중간톤 색채를 주조로, 색의 대비가 약한 배색 또는 부드럽고 밝은 그레이 톤을 사용하여 온화하고 자연스러운 분위기 연출 - 자연과의 조화에 역점을 두어 부담스럽지 않은 편안함을 표현
식기	- 소박한 도자기, 나무, 대나무 등 자연적 질감이 그대로 살아 있는 밝은 톤의 식기 - 무늬가 없거나 풀·나무 등 자연을 모티프로 한 식기
커틀러리	- 나무, 대나무, 등나무 등 소박한 질감
글라스	- 밝고 친근한 가정형, 소박한 형태
린넨	- 자연적 질감이 그대로 살아 있는 밝은 톤의 테이블클로스로 우아함 연출 - 실크 소재의 패브릭 - 마, 면 등 자연소재 - 베이지계, 아이보리계, 그린계 등의 평온한 톤을 바탕으로 한 통합감 있는 배색
식탁소품	- 돌과 나무를 이용한 다양한 디자인의 촛대
연출의 예	- 유기농 레스토랑이나 쇼윈도의 디스플레이

간의 창조와 개성 표현을 위해 자연적인 요소를 도입하여, 쾌적하고 창조적인 환경으로 조화를 이루는 공간이라 할 수 있다.

자연과의 조화에 역점을 둔 자연주의 스타일은 주거공간에서도 부담스럽지 않은 편안함을 표현하는 데에 주안점을 두고 있다. 자연주의 주거공간은 나무나 패브릭 소재의 소품, 낡은 워시 제품, 핸드메이드 제품 등의 자연소재로 공간을 연출한다. 또한 자연적인 요소의 형태를 모방하여 표현하는 방법도 병행할 수 있다.

내추럴 스타일은 베이지, 브라운 톤의 색채와 옐로, 그린 등의 중간 톤 색채를 주조로, 온화하고 자연스러운 분위기를 연출할 수 있다. 컬러는 베이지, 아이보리, 그린 계열을 중심으로 그라데이션 배색의 통일감을 표현하는 것이 좋다.

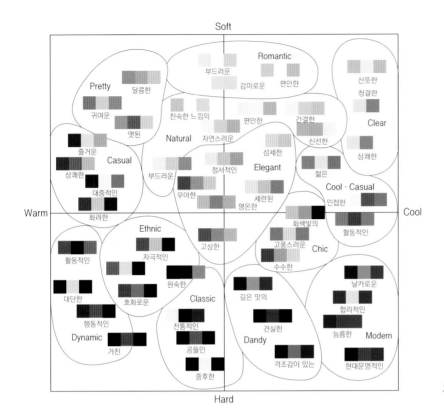

그림 5-8 **컬러 이미지 맵**

W.S(warm, soft) : 예쁜, 캐주얼한, 사랑스런, 자연적인 이미지

W.H(warm, hard) : 다이내믹한, 고상한, 클래식한 이미지

스케일의 중앙부 : 우아한, 바랜 이미지

C.S(cool, soft) : 사랑스런, 깨끗한, 시원한, 캐주얼한, 자연스런 이미지

C.H(cool, hard) : 모던한, 멋진 이미지

주

1/ 붉은색의 원목이다.

2/ organde, organdy : 얇고 가벼우면서 빳빳한 옷감. 투명하고, 가벼워서 블라우스나 원피스, 파티 드레스, 특히 칼라나 커프스 등 여름 의복 장식이나 커튼류에 쓰인다.

3/ 장미목은 동남아시아, 인도, 중남부 미국에서 성장하는 활엽수로 그 명칭은 목재를 밸 때 발산하는 향기로 인해 붙여졌다. 붉은 색상에 검정이나 갈색 무늬결이 일반적이나 생산지에 따라 색상에 차이가 있다. 18, 19세기에 널리 유행했고, 특히 영국 섭정(Regency, 1811~1920) 양식의 대표적 가구재가 되었다. 특히 밀도가 높고, 기공이적이며, 나무가 단단해서 반영구적으로 사용할 수 있다. 예로부터 유럽에서 장미목은 부와 명예와 행운을 가져온다고 하여 사랑의 정표나 연초 파이프, 장식용 등으로 애용되어왔다.

4/ 결이 좋으며, 가공이 쉽고 붉은 계통의 아름다운 색으로 18세기부터 실내와 가구에 널리 쓰인 나무이다. 영국의 앤 여왕이 즉위한 후에는 마호가니 시대 $^{mahogany\ period}$라고 하여 마호가니가 목재의 주종을 이룰 정도로 선호되었다.

5/ 무거운 것과 가벼운 것이 있다. 안감이나, 속옷, 블라우스, 웨딩 드레스, 실내장식, 침구, 커튼, 가구류 등에 주로 쓰인다.

6/ 색이 어두워서 중후한 분위기에 잘 어울린다. 나이테가 자연스럽고, 아름다워 고운 마감 면을 얻을 수 있다. 밝은 회갈색이나 초콜릿 색, 어두운 보라색을 띤 갈색 등의 짙은 색상 때문에 비교적 넓은 공간의 인테리어에 어울린다.

7/ 예술로서의 모더니즘은 20세기 초, 특히 1920년대에 일어난 표현주의, 미래주의, 다다이즘, 형식주의 등의 감각적, 추상적, 초현실적 경향의 여러 운동을 이른다. 유럽과 미국에서는 이와 같은 여러 형태의 운동을 통틀어 모던 아트 $^{modern\ art}$라고 말하는 경향이 많으나, 보다 넓은 의미로서는 19세기 예술의 근간이라고 할 수 있는 사실주의, 리얼리즘에 대한 반항 운동이며, 제1차 세계대전 후에 일어난 전위예술(前衛藝術, 아방가르드) 운동의 한 형태였다.

8/ 공업적인 기능성과 구성주의, '데 스틸'이라는 동향 속에서 바우하우스의 건축과 디자인이 세운 이념과 작품은 모더니즘을 대표하는 것이다. 현재 모던이라고 불리는 것은 스칸디나비아와 이탈리아풍이 주류를 이루지만, 바우하우스 출신의 건축가와 디자이너가 창조해 세계에 퍼진 모던의 영향이 크다.

9/ 코르크는 바닥 재료 가운데 가장 탄력성이 뛰어나며, 천연 재료이면서 성능이 좋은 음향효과가 있다. 반면에 결점은 더러워지기 쉽고, 약한 것이다. 질감에 있어서 어느 정도 패인 곳이 보이지만, 훌륭하게 사용된 코르크 마감 바닥은 왁스를 자주 닦음에 따라 표면에 자연적인 색채와 그에 따른 느낌의 깊이가 더해져서 풍부하고 아름다운 외관을 나타내는 재료가 된다. 한편, 코르크제 타일 중에는 광택 있는 비닐 피막으로 처리된 것도 있지만, 표면이 딱딱한 인공적인 광택으로 둘러싸여 소재 본래의 자연미를 잃게 된다.

10/ 천을 차곡차곡 포개는 듯한 커튼으로 직물에 따라 연출하면 우아한 느낌이 난다.

11/ 수직으로 된 일종의 커튼으로 빛의 양을 조절할 수 있다.

12/ 페르시아, 인도에서 생긴 식물의 무늬로, 18세기에 스코틀랜드의 페이즐리시에서 모직물에 크게 유행되었다.

13/ 인도네시아의 대표적 린넨으로 '바틱'을 꼽을 수 있다. 옷감의 무늬를 염색할 때 쓰이는'바틱' 기법의 염료는 화학제품이 아닌 풀이나 나무의 뿌리, 껍질, 잎에서 추출한 자연 색채를 사용한다. 그러나 현재 대량 생산되는 바틱은 흔히 화학섬유와 프린트 염색을 사용하기도 한다.

NEW TABLE & FOOD COORDINATE

6 파티

이해

6 파티
이해

사전적 의미의 파티란 '친목 도모와 기념일을 위한 잔치나 사교적인 모임'
으로 정의할 수 있다. 우리나라에 파티 문화가 들어온 것은 개화기 서양문
화가 도입되면서였으나 1980~90년대 초까지도 파티란 여전히 생소한 단
어였다. 그러나 1990년대 후반기를 지나면서 파티라는 것이 특별한 계층
에 속한 사람들의 전유물에서 대중적으로 확산되기 시작하였다. 광범위하
게 볼 때 파티는 몇 사람이 모여서 집이나 음식점 등에서 이루어지는 소
규모의 이벤트로 볼 수 있다. 파티는 특별하지만 준비는 간단하고 현실성
있는 것에서부터 시작해야 한다. 즐거운 파티를 위해서는 세심한 사전조
사가 필요하며, 먹거리와 볼거리 등의 요소를 적절히 잘 조화시켜야 한다.

1. 파티의 역사

파티는 친척, 친구 등 소규모 모임에서부터 결혼 피로연, 생일 축하연 행사 기념회 등 대규모의 모임을 가리킨다.

간혹 '파티'는 '잔치'와 혼용되고 있지만, 두 단어는 독자적인 의미를 갖고 있다. 잔치는 '연회'로도 불리며 경사가 있을 때 음식으로 손님을 대접하는 것을 뜻하는 반면, '파티'는 사교, 친목 등을 목적으로 한 모임을 의미한다. 파티는 중세의 '부분으로 나누다'라는 뜻의 'partie'에서 출발하여 '한무리 혹은 한편'을 의미하다가 '모임'이나 '정당'의 뜻을 나타내게 되었다.

즉, 같은 마음을 가진 사람들이 따로 모인 것이 파티의 원형이라고 할 수 있다. 서양에서의 파티는 주최자의 의도에 맞춰 열리는 모임을 의미한다.

사전적 의미의 파티란 친목을 도모하거나 무엇을 기념하기 위한 잔치나 모임을 뜻한다. 미국에서는 '당신이 파티를 찾아가고', 러시아에서는 '파티가 당신을 찾아간다.'고 할 정도로 파티가 일상적이다. 한국은 고질적인 회식 및 술자리 문화 때문에 아직까지는 파티 문화가 활성화되기 힘든 반면, 서양에서는 규모나 인원 및 콘셉트에 따라 수십 가지의 종류가 있어서 사교의 목적을 가진 사람들에게는 꼭 필요한 행사이다. 대부분의 미국 사람들은 매년 파티 열기와 근사한 휴가를 위해 일 년 내내 돈을 아껴 쓴다고 한다. 그만큼 파티는 그들에게 있어 삶에서 필수적인 행사라고 할 수 있으며, 파티 초대가 인간관계에서 큰 비중을 차지한다. 만일 어떤 사람이 당신을 자기와 친한 사이라고 믿고 있었는데, 당신이 깜빡 잊고 그 사람을 파티에 초대하지 않았다면 나중에 그 사람한테서 무슨 소리를 들을지 모른다. 반대로 당신이 누군가의 파티에 초대를 받았는데 갈 수 없게 된다면 반드시 이야기를 해야 한다. 주최자 입장에서는 인원수를 미리 파악해야 그에 맞춰서 음식이나 술을 적절히 준비할 수 있는데, 예고 없이 불참하면 자신의 호의를 무시한다고 생각한다. 실제로도 파티 초대장에 꼭 들어가는 문구가 Repondez Sil Vous Plait, 즉 '참여 가능 여부를 알려 달라.'는 것이다.

서양 파티의 역사는 그리스 시대로 거슬러 올라간다. 그리스의 파티(향연)는 대부분 개인소유의 거주지에서 열렸다. 시중드는 여성을 제외하고 향연은 남성들의 전유물이었다. 식사 전에는 손 씻을 물이 담긴 그릇을 따로 준비해 두었고, 포도주와 물을 섞어 마셨다. 그리스인들은 앉아서 식사를 했지만 아테네인들은 옆으로 누워서 식사를 했다. 로마시대의 주택은 크고 안락하여 경제적으로 여유가 있는 사람들의 집에는 파티용 방이 따로 있었다. 디너파티는 로마시대에도 중요한 행사로 분류되어 손님은 카우치에 기대 앉아 이동식 원형 테이블위의 음식을 먹었다. 중세에도 파티는 유지되는데 그리스·로마 음식문화 전통에 기초를 두고, 왕이나 귀족이 주최하는 파티에 악사, 광대와 음유시인을 등장시켰다. 이 시기에는 식사 시 여성의 역할이 확대되었다. 르네상스 시대에 들어서 식도락 문화가 꽃을 피우는데, 이때부터 요리가 허기를 채우는 것이 아닌 예술적인 부분으로 인식되기 시작했다. 프랑스에 시집온 이탈리아 메디치가의 카트린느는 본인이 대식가이자 미식가였기에 프랑스의 테이블매너를 우아한 이탈리아식으로 바꾸는데 공헌했다. 카트린느는 당시 공개석상에서 음식을 먹지 않던 귀부인들을 초대하여 즐겁게 식사함으로써 서양식 파티의 출발을 열었다. 이후 파티문화는 영국과 프랑스를 중심으로 유럽 전역에 퍼졌으며 그들의 모임은 맛있는 음식과 특권의식을 바탕으로 갈수록 성대해졌다. 바로크시대는 절대왕정시기이면서 부르주아의 형성과 발전이 진행된 시기였다. 17세기의 파티에는 새로운 음식, 새로운 조리법 등 요리 자체의 혁명적 변화가 있었다. 18세기 로코코 시대는 귀족의 위상이 높았으며, 프랑스 왕 루이 15세의 정부인 퐁파두르 부인의 세련된 취향은 파티문화에 큰 영향을 미쳤다. 또한 마리 앙투아네트가 프랑스 궁정으로 결혼하면서 테이블 데코레이션의 화려함과 테이블매너가 완성되었다. 루이 15세 시대의 문인과 예술가의 모임인 살롱^{salon}문화는 상류사회에 적극 수용되었고, 파티의 황금기로 살롱 문화가 전성기에 이르렀으며, 국제적인 사교, 문화적 교류와 외교의 장이 되었다.

우리나라는 1990년대 후반에 홍익대 부근의 클럽들을 중심으로 테크노 음악 등 댄스 음악을 중심으로 하는 클럽에서 개최되는 클럽 파티가 증가하였다. 청담동, 압구정동을 대표로 하는 강남에서는 엔터테인먼트, 패션 등 대중문화 종사자들을 중심으로 정보 교류와 홍보 등을 목적으로 각종 파티가 증가하기 시작하였다. 이후 2000년대의 파티는 개인의 교류뿐만 아니라 기업의 프로모션 수단으로, 나아가서는 국가 이미지를 향상시키는 외교적 만찬까지 그 중요성이 더해 가고 있다.

2. 파티의 종류

파티의 종류에는 사적인지 공적인지에 따라 퍼스널 파티^{personal party}와 퍼블릭 파티^{public party}가 있다. 퍼스널 파티는 졸업·입학 축하 파티, 생일, 기념일, 베이비샤워, 웨딩샤워, 약혼, 결혼 파티, 돌잔치, 회갑연 등이 있으며, 퍼블릭 파티는 기업이나 단체의 이익을 위한 것으로 신제품 론칭, 백화점 고객 초대, 건설사 커뮤니티, 방송 영화제, 기업 송년, 국가 공식 만찬 파티 등이 있다.

각 나라마다 역사적인 풍습에 따라 연중 축제나 행사로 여는 시즌 파티^{seasonal party}도 있는데, 그 종류로는 신년 파티, 발렌타인데이 파티, 할로윈 파티, 크리스마스 파티 등이 있다.

또한 목적에 따라 파티를 분류할 수 있으며, 그 대표적인 것으로 디너 파티는 의식적인 연회이며, 풀코스의 만찬을 준비하여 격식을 갖춘 파티이다. 저녁 시간에 파티 주최자의 집이나 레스토랑에서 만나 친목을 도모하며, 캐주얼한 디너 파티의 경우는 간단한 음료나 핑거푸드만 제공하기도 한다. 이 때 음료가 칵테일로 준비되면 말 그대로 칵테일 파티가 되며, 저녁식사 전인 오후 4시에서 6시경에 진행된다.

리셉션 파티는 원칙적으로 국가적 행사나 공공기관 또는 회사가 목적을 가지고 손님을 초대하여 베푸는 공식 파티이다. 사적인 파티는 결혼 피로연을 제외하고 리셉션이라고 하지 않는다.

뷔페 파티는 여러 가지 음식을 식탁에 차려 놓고 스스로 선택하여 먹도록 한 파티로, 능률적이며 효율적인 파티라 할 수 있다.

포틀럭 파티는 참가자들이 한 가지씩의 요리를 들고 와서 여는 파티로, 모임 주최자는 장소만 제공하면 된다. 파티 초대장에 'bring your own'의 약자인 'B.Y.O.'라고 쓰여 있으면 자신이 먹을 음식 또는 음료수를 지참한다.

티 파티^{tea Party}는 영국의 대표적인 문화로 홍차와 그에 어울리는 간단한 샌드위치, 스콘, 비스킷 등을 티푸드로 준비하여, 오후 2~4시에 담소를 즐기는 여성 중심의 파티이다. 생일 파티는 가장 일상적인 파티로써 남녀노소 누구나 즐길 수 있다.

댄스^{dance} 파티는 한국에서는 잘 이루어지지 않는 파티지만 유럽이나 외국에서는 자주 볼 수 있는 파티이다. 주로 중·고등학교에서 하는 행사로 소액의 입장료를 내고 들어가서 친구들과 춤추고 음료를 마시는 파티이다.

코스튭^{custume} 파티는 마스크를 쓰고 가는 가면무도회 파티로, 일반적으로 대학생 정도의 젊은 청년들이 참석하는 파티이다.

깜짝^{suprise} 파티는 말 그대로 생일이나 승진 등 축하할 일이 있을 때에 하는 파티로, 참석하는 게스트들과 미리 짜고 파티 당사자를 놀라게 하는 파티이다.

자선^{fundraising} 파티는 기부금을 모으기 위한 행사 파티로 불우이웃돕기, 정치나 종교단체의 지원을 목적으로 포멀한 스타일로 열리는 파티가 대부분이다.

웰컴^{welcome} 파티는 모임에 새로운 멤버나 직장에 신입사원이 들어왔을 때 여는 환영 행사로 일반적으로 편안한 분위기에서 자유롭게 진행되는 파티이다.

그 밖에도 처녀 파티^{bridal shower party}, 총각 파티^{bachelor party}, 송별 파티^{farewell party} 등의 다양한 파티가 있다.

그림 6-1 **현대식 백일 상차림**

〉
그림 6-2 **전통 백일 상차림**

〉〉
그림 6-3 **전통 돌 상차림**

〈
그림 6-4 **뷔페 파티**

《
그림 6-5 **퍼블릭 파티**

그림 6-6 **크리스마스 파티 상차림**

그림 6-7 **티 파티 상차림**

3. 연출의 실제

파티를 연출함에 있어 가장 중요한 포인트는 콘셉트이다. 어떠한 사람들이 모여 언제, 어디서, 어떠한 목적으로, 어떠한 내용의 프로그램이 이루어지는지가 중요하다. 또한 그에 대한 스토리를 구성하는 것이 곧 콘셉트이다.

　파티의 연출이란 파티의 목적과 콘셉트에 맞는 종류를 결정한 뒤 가장 효과적으로 표현할 수 있는 이미지를 선정하고, 디자인 구성요소의 색상과 재질, 형태, 패턴 등을 창의적인 아이디어로 계획하여 종합적으로 표현하는 시각적인 연출 작업이 뒷받침되어야 한다.

　파티 스타일링을 위해서는 미적인 감각은 물론이고 시대의 흐름에 맞는 트렌드를 읽어내는 능력과 스토리텔링을 위한 자료의 수집, 그리고 디스플레이를 효과적으로 할 수 있는 소품 구입을 위한 시장 조사가 꾸준히 이루어져야 한다. 또한 공간의 분위기를 이끌 수 있는 적절한 BGM과 조명의 선택도 매우 중요하다.

　파티에서 파티 푸드는 매우 중요하다. 파티 연출에 관한 콘셉트를 설정한 뒤 아이디어를 현실화시키는 단계에서 파티 푸드의 서비스 형태를 정해야 한다. 파티에서 제공되는 음식 서비스의 형태는 파티가 열릴 공간의 규모와 실내인지 야외인지의 여부, 초대 손님의 숫자, 격식을 갖춘 모임인지 혹은 사적인 모임인지에 대한 판단, 기타 프로그램의 진행 형태 등의 조건과 밀접한 관계가 있다. 이에 따라 풀 서빙 스타일과 뷔페 스타일로 나눌 수 있다.

서빙 스타일

풀 서빙 스타일 full serving style

가장 격식을 갖춘 형태의 파티에 적합한 스타일은 풀 서빙 방식이다. 초대 손님들이 착석 한 가운데 편안하게 식사를 즐길 수 있도록 배려한다. 따라서 식사는 코스로 서빙되며, 개인별로 제공되는 경우가 대부분이므로 많은 수의 접시와 기물이 준비되어야 한다. 물론 서비스 인원의 수도 적절하게 확보되는 것을 전제로 했을 때 진행이 가능하다. 'sitting down party'라고도 한다.

그림 6-8
풀 서빙 스타일의 파티 상차림

뷔페 스타일 buffet style

뷔페는 프랑스의 '식기 수납장'이라는 가구의 뜻에서 유래되었으며, 뷔페 스타일은 좁은 공간에서 많은 손님을 치루어야 할 때 가장 적합한 방식이다.

뷔페 형태의 파티에서는 손님들의 동선이 원활할 수 있도록 공간을 배치하는 것이 중요하다. 테이블 위에 차려진 음식을 초대객들이 직접 가져다 먹는 형태이므로, 대개의 경우 코스 순서대로 한 방향으로 차려진다. 혹은 두 줄로 마주보고 같은 음식을 차리면 시간을 단축할 수 있다. 테이블을 벽에 붙여 세팅할 경우에는 직사각형의 테이블이 무난하지만, 경우에 따라서는 다양한 형태의 테이블을 배치하는 것도 시도해 볼 수 있다.

그림 6-9 **뷔페 스타일의 파티 상차림**

뷔페 방식의 서비스에는 좌석이 있는 'sitting down party'와 의자가 없이 서서 진행되는 'standing party'의 두 가지 형태가 모두 가능하다.

파티 푸드

파티 플래닝 가운데 신경을 많이 써야 할 것은 음식과 음료의 선택이다. 초대된 고객들에게 인상적인 추억을 심어 주기에 매우 효과적인 방법이기 때문이다.

미국에서는 케이터링을 구내 케이터링on-premise catering과 구외 케이터링off-premise catering으로 구별하고 있다. 구내 케이터링은 별도로 마련된 공간에서 연회나 이벤트 등을 하는 것이며, 구외 케이터링은 중앙 키친에서 음식을 만들어 파티장까지 배달과 서빙을 포함한, 즉 모든 서비스를 외부에서 진행하는 것을 말한다.

파티 음식을 빠르고, 쉽게 준비할 수 있는 방법은 전문업체take-away를 이용하는 것이다. 백화점이나 델리, 베이커리, 혹은 일부 레스토랑에서도 이러한 서비스를 시행하고 있으므로, 다양한 메뉴의 구성도 가능하다는 장점이 있다. 그러나 비용이 만만치 않고, 정해진 시간 안에 최상의 상태로 도착할 지의 여부, 그리고 디스플레이를 호스트가 직접 해야 한다는 단점을 고려한다면 전문 서비스 업체의 이용은 좋은 대안이 될 것이다.

대부분의 스탠딩 파티에서는 손가락으로 집어먹는 크기의 음식인 핑거푸드finger food나 컵 과일, 한입 크기의 쿠키 등을 주로 준비한다. 또한 축하 파티의 경우 원하는 크기의 케이크를 맞춤 주문한 뒤, 식용 플라워로 데코레이션한다면 비교적 합리적인 가격으로 특별한 분위기를 연출할 수 있다.

그림 6-10 **파티 푸드**

그림 6–11 **파티 푸드의 상차림**

파티 음료

파티의 기획과 연출에 있어 음료의 선택은 파티의 개최 목적과 시간, 그리고 클라이언트의 요구 등에 따라 결정할 수 있다. 먼저 알코올 음료로 준비할 것인지, 비알코올 음료로 준비할 것인지를 정한 다음, 전체의 예산에서 벗어나지 않는 선에서 메뉴를 구성해야 할 것이다.

알코올 음료로 준비할 때에는 양조주인 와인과 맥주, 증류주인 위스키, 보드카, 럼, 데킬라, 브랜디 등이 있으며, 바가 준비된다면 현장에서 2~3가지의 칵테일을 제안할 수도 있다.

와인이나 맥주 등을 메뉴로 선택할 시에는 잔을 넉넉히 준비하는 것이 좋으며, 투명한 일회용 컵으로 유리 글라스를 대체하는 것도 좋다. 또한 맥주의 경우에 잔의 준비가 여의치 않다면 병맥주로 대체하는 것도 파티의 분위기를 돋우기에 좋다. 이 경우 맥주 오프너 없이 뚜껑을 열수 있는 twist-off cap형의 맥주를 선택하는 것이 파티의 흐름을 깨지 않을 수 있다.

비알코올 음료로는 커피와 차 등이 무난하다. 커피 서빙의 경우 hand drip 방법과 에스프레소 추출 기계를 이용한 방법, 그리고 전자동식 드립 머신을 이용한 방법 등이 있다. 서빙 인원이 충분할 경우, 그리고 보다 고급스러운 분위기의 연출을 위해서는 숙련된 바리스타 서빙 인원을 이용한 핸드 드립 방법을 권장하나, 서빙 시간 예측을 철저히 하여 대기시간이 길어지지 않도록 하는 것이 중요하다. 또한 에스프레소 추출 기계를 이용할 경우에 적어도 서빙 인원이 머신 옆에서 바리스타의 조작을 도울 수 있어야 한다.

그림 6-12 **파티 음료의 상차림**

파티 플라워

파티장의 분위기를 돋울 수 있는 소품 가운데, 플라워 어레인지먼트의 적절한 활용은 매우 효과적인 방법이다. 스탠딩 파티의 경우 테이블 플라워보다 크고 풍성하게 꽂아 연출하며, 식사를 하는 테이블 위에 꽃꽂이를 할 때에는 간편하게 수반에 꽃을 몇 송이 띄우는 것으로도 충분하다. 또한 저녁시간에 이루어지는 파티에서라면 꽃과 초를 함께 연출하는 것으로도 로맨틱한 분위기를 자아낼 수 있다.

그림 6-13
파티 플라워 어레인지먼트

NEW TABLE & FOOD COORDINATE

NEW TABLE & FOOD COORDINATE

7 푸드
코디네이트
이해

7 푸드 코디네이트 이해

푸드 코디네이터는 음식과 음식이 놓인 공간을 목적과 기능에 맞도록 디자인하고 연출하는 역할을 담당한다. 여기에서의 음식과 식공간은 가정과 영리 목적의 상업음식점뿐만 아니라 음식을 생산, 판매, 촬영하는 것을 모두 식공간의 범주에 넣고 있다. 크게는 음식을 중심으로 식사나 촬영을 위해 특성에 맞도록 구성하고 연출하는 푸드 스타일리스트와 음식을 포함한 테이블과 여러 가지 소품들의 조합으로 목적에 맞는 공간을 창출하는 푸드 코디네이터로 구분할 수 있다.

1. 푸드 코디네이트의 이해

음식 준비에는 많은 시간과 노력이 필요하다. 훌륭한 음식의 완성에는 조리사의 기술이 중요하지만, 조리된 음식이 매력적으로 보일 수 있도록 마지막 하나finishing touch를 더하여 화룡점정畵龍點睛하는 것이 푸드 스타일리스트라 할 수 있다. 이처럼 푸드코디네이션의 목적은 아름다움을 더한 마무리로 주인공인 요리 자체를 돋보이게 하는 것에 있다.

　스타일리스트stylist나 코디네이터coordinator라는 단어가 일반적으로 쓰이는 직업 분야는 패션일 것이다. 패션 분야에 있어서의 두 직업의 차이는 비교적 명쾌하다. 먼저 스타일리스트의 사전적인 정의는 직접 디자인을 하지 않는다는 면에서 디자이너와 구분된다. 상품기획과 자사의 정책을 디자이너에게 알려주고, 디자이너의 오리지널 디자인을 재조정하여 상품이 잘 팔릴 수 있도록 조언한

그림 7-1 **푸드 코디네이션**

다. 이에 비해 코디네이터는 패션 정보를 수집 분석하여 각 부분에 필요한 정보를 제공하고 기업의 패션 방향을 정하는 패션 조정자의 역할을 담당한다. 명칭은 원래 '동등한, 동격의' 또는 '조정하다', '통합하다'의 뜻을 가졌지만, 패션에서는 '둘 이상의 것을 조합해서 하나의 감각으로 만드는 것, 또는 조정하는 것, 통합하는 것'을 의미하는 'coordinate'에 '-or'을 붙인 것이다. 최근 우리나라에서는 잡지사의 스타일리스트를 코디네이터라고 부르기도 한다.

이처럼 푸드 코디네이터와 코디네이터의 직업상의 의미 경계를 설정하는 것은 매우 까다롭고, 예민한 부분이다. 다만, 스타일리스트가 이미 완성품을 가지고 데커레이션한다는 점과 코디네이터가 둘 이상의 요소들을 조합·통합한다는 본연의 의미에 착안하여 보다 넓은 의미의 영역을 가지고 있는 코디네이터가 적합할 것이다. 따라서 이 책에서는 푸드 코디네이터^{food coordinator}라고 명명하기로 한다.

좋은 데커레이션이란 지나침이 없어야 한다. 조리된 음식이 가지고 있는 형태의 아름다움을 최대한 살려야 하며, 그 음식을 가장 돋보이게 할 수 있는 색상과 형태의 기물을 선택하고, 어울리는 가니시^{garnish}를 더하는 것이 푸드 코디네이션이라 할 수 있을 것이다.

디자인을 무시하고, 지나치게 장식에만 의존한 요리는 오히려 식욕을 감퇴시킬 우려가 있고, 이것은 푸드 코디네이션을 하는 스타일리스트가 범하기 쉬운 실수 중 하나이다.

처음 스타일링을 시작하는 코디네이터들이 빠지기 쉬운 함정 중에 가장 경계해야 할 것은 아이러니 하게도 바로 지나친 의욕에서 비롯된다. 음식을 예쁘게 보이려고 하는 것에만 열중한 나머지 그 음식이 가진 본질의 아름다움을 간과하는 오류를 범하는 것이다. 어느 분야든 마찬가지지만, 기본을 잊는 순간 사상누각沙上樓閣처럼 한순간에 무너져 내린다는 것을 명심해야 할 것이다. 원칙을 무시한 스타일링은 생명력이 짧다.

물론 경우에 따라서 이미지 푸드 코디네이션이 요구되기도 한다. 단순히 맛있게 보이려는 것보다 어떠한 메시지를 전달하는 매개체로 음식이 사용된다거나 상징적인 의미 전달의 수단으로 음식이 이용되는 경우이다. 이러한 경우 코디네이터의 독창적인 아이디어나 순발력을 마음껏 발휘할 수 있다.

2. 푸드 코디네이터의 활동 영역

푸드 코디네이터의 활동 영역은 각 나라의 경제적 여건과 문화적 배경에 따라 다양하다. 코디네이터의 역할이 세분화된 미국의 경우 광고와 마케팅, TV 영상물 등 광범위한 영역에서 왕성하게 활동하고 있다. 아시아권에서는 일본을 주목할 만 한데, 푸드 코디네이터가 디자이너, 포토그래퍼, 일러스트레이터, 이벤트 업자 등의 각 분야 전문가를 총괄하는 기획자로 활동하고 있다. 일본과 미국의 영향을 받은 우리나라의 푸드 스타일리스트는 21세기 유망 직종으로 분류되고 있다.

여기서는 푸드 스타일리스트의 활동 영역과 가장 밀접한 관련이 있는 광고계와 메뉴 개발, 그리고 현재 우리나라 시장에서 푸드 스타일리스트들이 영역확장을 꾀하고 있는 파티 플래너와 푸드 라이터 등의 순으로 살펴보겠다.

광고

미국 마케팅 협회에서는 광고란 '명시明示된 광고주에 의한 아이디어, 상품 또는 서비스 등의 유료 형태를 취한, 비대인적非對人的 제시 및 촉진 활동을 말한다. 이용에 포함되는 매체는 잡지 및 신문, 스페이스space, 영화, 옥외광고, DMdirect mail, 노벨티novelty(원래 새로운 것이나 진기한 것을 뜻하는데, 일반적으로 휴대가 간편하고 실용적이며 단가가 저렴한 생활 소품이 주로 이용된다), 라디오, 텔레비전, 카탈로그 명부 및 리퍼런스reference, 프로그램 및 서큘러surculer 등이다'라고 정의하고 있으며 '이상은 예시일 뿐, 광고에 사용되는 모든 매체를 포함하는 것은 아니다'라고 덧붙였다. 광고의 분류는 그 기준에 따라 다르며 매체에 따라서도 그 성격을 달리 해야 한다.

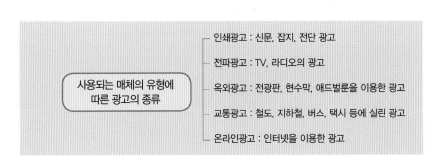

그림 7-2 **광고 매체의 유형에 따른 광고의 종류**

인쇄 광고

잡지광고는 현재 음식광고에 있어서 매우 중요한 매개체로 이용되고 있다. 특히 잡지는 회독율이 다른 인쇄 매체에 비해서 높기 때문에 매우 효과적인 광고의 수단이다. 신제품 음식광고나 시리즈물인 기획광고 등은 소비자들의 주목을 집중시킬 수 있는 이점이 있다.

잡지는 통일된 성향의 일관된 목소리를 매호마다 다른 소재로 커뮤니케이션 한다는 것이 특징이다. 즉, 잡지나 언론sender이 독자receiver에게 전달하고자 하는 내용message을 이어주는 다리가 되는 셈이다.

최근 잡지의 경향은 점차 슬림화slim, 혹은 무크mook화되고 있으며, 과거 대중 교양지의 성격에서 벗어나 전문화를 지향하는 추세이다. 현대의 잡지들이 종합지에서 전문지 위주로 계속 모습을 바꾸는 이유도 여기에서 찾을 수 있다. 내용적인 측면에서는, 생활 기사의 비중이 높아지고 있으며, 실용적인 정보 기사가 더욱 강화되고, 광고의 수준과 질이 향상되고 있다. 그 결과 요리와 관련된 기사가 자연스럽게 큰 비중을 차지하게 되었다.

그림 7-3
샐러드 스타일링
자료 : 《House & Home》, 2001,
5월호

그림 7-4 **잡지의 역할**

따라서 과거 기자들이 안목만으로 스타일링을 하던 시대에서 진일보하여, 전문적인 푸드 스타일리스트 집단이 요구되는 시대가 온 것이다. 잡지에서의 스타일링은 크게 기획, 섭외, 시안 상의, 촬영, 편집 과정으로 진행된다. 콘셉트에 대한 이해가 가장 우선시되므로 여러 번의 회의와 조율을 거치는 것이 필수적이다.

촬영 의뢰서를 받은 푸드 코디네이터는 칼럼의 주제에 맞는 레서피를 작성하고, 요리를 디자인하여 다시 잡지사에 보낸다. 이 때 레서피를 첨부하여 보내되, 잡지사에서 요구한 품목보다 2배 이상 여유 있게 준비하는 것이 좋다.

전파 광고

1930년대 상업방송을 시작으로, 50년대에 매스미디어로 자리 잡은 TV 광고는 1979년 컬러 방송의 도입으로 식감^{sizzle}이 살아 있는 음식 광고의 재현이 가능해졌다. 음식광고에 있어 독보적인 수단이 TV임은 부정할 수 없다.

TV CF는 흔히 30초의 예술이라고 한다. TV CF 제작에 참여하는 푸드 타일리스트 역시 짧은 순간에 최대의 효과를 거둘 수 있는 장면의 제작을 위해 노력해야 한다. 시즐^{sizzle}감은 대개 2~3초 안에 승부를 내야 하기 때문이다. 따라서 사전준비가 특히 철저해야 한다.

광고 촬영 스튜디오의 경우 대부분 서울 외곽에 위치하고, 연예인들이 출연하는 경우 밤샘 촬영이 일반적이기 때문에 강인한 체력이 필요하고 준비가 부족하면, 돌발 상황에 대처하기 힘들다.

CF의 제작과정은 일반적으로 다음과 같다.

① 제작의뢰 : 오리엔테이션, 기획 제작, 콘티 제작

② PT^{presentation} : 모델 캐스팅, 스텝 구성, 스텝 제작회의

③ 촬영장소 : 장소 헌팅, 셋트 디자인, 의상·헤어 디자인, PPM 준비

④ PPM$^{pro- production meeting}$: 대소도구 준비, 촬영 기자재 준비

그림 7-5 **촬영의뢰서 양식**

촬영진행

Table & Food coordinate. INC

칼럼명 :		편집 :	디자인 :
기사형식 :	쪽수 :	컷수 :	B/W or Color
스타일리스트 :	포토그래퍼 :	촬영장소 :	
광고현황 :	편집부 :	디자인 :	재촬영 :

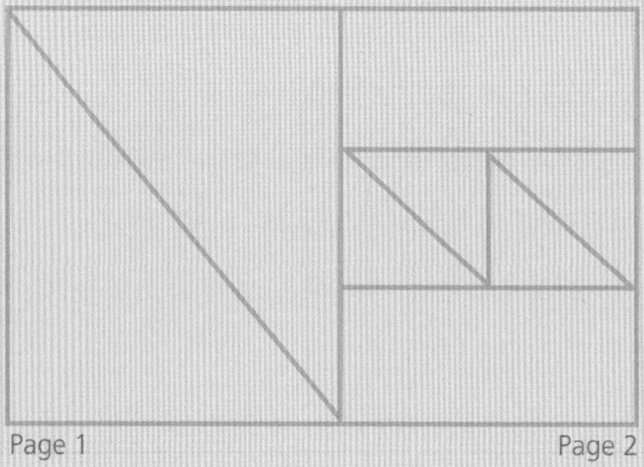

Page 1   Page 2

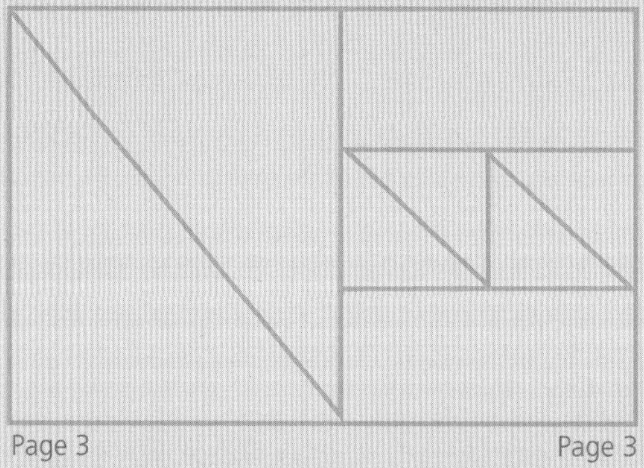

Page 3   Page 3

주제 / 기획의도

촬영 메모 :

촬영 준비 및 소품 :

Table coordinate

그림 7–6
칼럼의 주제에 맞는 레시피 양식

TO :

FROM :

        tel :

        fax :

        E–mail :

칼럼명(   ) :

메모 :

  tip

Table coordinate

⇒ 대개 이 단계에서 푸드 스타일리스트 합류

⑤ 촬영 : 네가 현상, NTC, 편집, 녹음, 더빙

⑥ 대행사 시사

⑦ 광고주 시사

⑧ 방송심의

⑨ 제작

인쇄광고에서 잡지가 푸드 스타일리스트들의 등용문이라면, 경력과 실력을 갖춘 스타일리스트들은 음식이나 조리도구 등의 판매를 촉진하기 위한 패키지 광고계로 진출한다. 시즐^{sizzle}감을 잘 살린 패키지 디자인은 소비자를 유혹하여 높은 판매로 직결되기 때문에 푸드 스타일리스트들에게 비교적 높은 수입원이 될 수 있다.

기타 광고

이외에도 음식점의 전광판 광고나 신 메뉴 출시를 알리는 현수막 광고 등이 있으며, 지하철이나 버스 등을 이용한 광고도 비교적 짧은 시간에 소비자에게 반복적인 노출을 통하여 광고할 수 있다. 또한 온라인 광고 시장도 급속도로 팽창하고 있으며, 음식 분야도 역시 동반 성장하고 있다.

광고란 소비자의 마음을 움직이는 것이다. 소비자에게 필요하다는 자극을 주어 그 반응으로 구매욕을 창출하는 것이다. 따라서 소비자의 오감을 만족시키려는 치열한 경쟁은 계속될 것이다.

메뉴 개발

메뉴란 식사를 서비스하는 식당에서 제공 가능한 품목과 형태를 체계적으로 짜놓은 차림표를 말한다. 시각적인 이미지가 곧 소비자의 선택과 매출로 이어지므로 매우 민감한 분야라고 할 수 있다.

메뉴 개발을 할 때에는 소비자 기호의 변화나 시대의 흐름을 염두에 두어야 한다. 따라서 최신 트렌드를 읽고, 리드할 수 있는 능력이 푸드 코디네이터에게 요구된다.

레스토랑과 관련하여 푸드 스타일리스트가 활동할 수 있는 영역은 무궁무진하다. 먼저 레스토랑의 콘셉트와 계절에 맞는 장식과 메뉴 개발이나 특별 행사기간에 합류하여 신 메뉴 런칭 등에 대한 아이디어를 제공하는 등 전반적인 운영에 관한 컨설팅도 가능하다. 메뉴 개발자는 문제점을 하나하나 일일이 연구 · 검토하여 기존 메뉴의 문제점을 보완하고 신 메뉴를 개발하여야 한다.

먹음직스러운 메뉴판의 연출은 낯선 음식을 소개할 때에도 적절한 도구로 사용되며, 주문 시간을 단축시켜 업장의 식탁 회전율을 높인다는 실용적인 면도 있다. 물론 외부 고객을 내부로 끌어들이는 안내자로서의 역할도 무시할 수 없다.

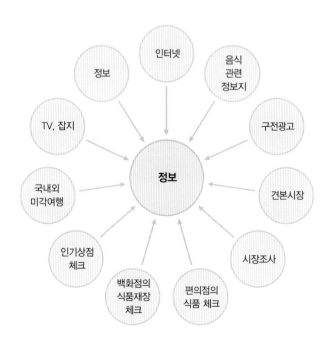

그림 7-7
정보 수집의 예
자료 : 日本フードコーディネート協會編
《フードコーディネーター敎本》, p.177,
柴田書店

메뉴 연출시 고려사항은 우선 메뉴에 대한 분석과 아울러 레스토랑의 콘셉트와 가격대에 어울리는 스타일링 방안을 모색해야 한다는 점이다. 일반적으로 심플한 것이 효과적이며, 배경 역시 비교적 단순한 것이 음식을 돋보이게 하는데 효과적이다.

그림 7-8 **메뉴 사진의 예**

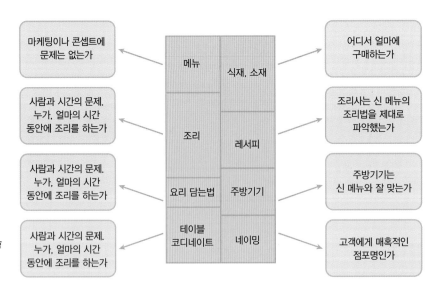

그림 7-9 **메뉴 플래닝 시드**
자료 : 日本フードコーディネート協會
編《フードコーディネーター教本》,
p.179, 柴田書店

파티 플래너party planner

파티란 동일한 목적을 갖고 모인 집단, 일행을 의미한다. 따라서 파티는 사교의 장이자 정보 교환의 장으로서 자신을 표현하고 개발하는데 매우 효과적이라고 할 수 있다. 정보화 시대로 접어들면서 우리나라에서도 파티를 낯설지 않게 접할 수 있게 되었다. 그 결과 다양한 행사를 주관하고 연출하는 기획자가 필요하게 되었으며, 푸드 스타일리스트들이 파티 플래너의 역할을 겸하는 사례가 많아지는 추세로 변하고 있다.

먼저, 파티 플래너는 행사의 콘셉트와 의뢰자가 최우선적으로 요구하는 사항이 무엇인지를 정확하게 파악하여 이미지화하는 것이 중요하다. 또한, 주어진 예산을 효과적으로 배분할 수 있어야 한다. 행사의 처음부터 마무리까지 세심한 손길이 필요한 것이 파티 플래너이며, 더불어 사교적인 성격을 지니고 있다면 자질을 갖추었다고 할 수 있겠다.

그림 7-10 **푸드 이미지**

푸드라이터 foodwriter

음식에 관한 기사 집필과 레시피 소개, 새로 개업한 레스토랑의 평가, 국내외의 식문화 리포트 등을 주로 다룬다. 음식 평론에 있어서 음식뿐만 아니라 주변의 환경과 서비스의 질은 물론 가격과 메뉴의 구성, 실내 공간의 분위기 등 맛과 관련한 세밀하고 다양한 분석을 필요로 한다. 즉 푸드라이터(음식 평론가)는 식문화의 역사적 고찰을 바탕으로 심미적인 자신의 철학을 글로 표현하여 대중에게 전달하는 최전방에 위치한 매력적인 직업인 동시에 대중매체를 통하여 식문화를 리드한다는 책임감이 부여되는 직업이다.

그림 7-11 **TV 요리 프로그램**

제작 개요

1. 프로그램명 : 세계 웰빙 미각여행 기획시리즈 봉쥬르! 프로방스
2. 제작 편수 : 30분 × 13편(주 1회 본방)
3. 시청 대상
   - 주 타깃층 – 20대 후반~40대 초반의 주부
   - 서브 타깃층 – 20대 초반, 40~50대 후반의 주부 및 요리와 건강에 관심있는 성인 남성층
4. 제작 포맷 : ALL ENG(해외 로케) + 3D
5. 방영 채널 : 푸드채널
6. 방영 시기 : 20**년 7월 말 ~ (본방)
7. 주요 내용 : 프랑스 음식 중 우리나라 사람들의 입맛에 가장 맞는다는 남부 프로방스 지역의 웰빙 음식들의 비밀은 무엇일까? 그 해답을 찾아 떠나는 푸드 스타일리스트의 안내로 시각적, 미각적, 영양적 등 다각적인 시선으로 프로방스 정취가 흠뻑 깃든 음식 문화의 모든 것을 탐방한다.

그림 7-12 **TV 프로그램 기획안**

작업 스케줄

세부 항목	5월 4주	5월 5주	6월 1주	6월 2주	6월 3주	6월 4주	7월 1주	7월 2주	7월 3주	7월 4주	8월 1주	8월 2주	8월 3주	8월 4주	8월 5주
세부 진행 협의 / 제작 회의	→														
자료조사 / 캐스팅 / 대본 구성	→	→													
해외촬영코디 / 사전촬영준비		→	→												
해외 촬영				→	→	→									
가편집 / 후대본 작업								→	→						
국내 인터뷰 촬영 / 3D 작업															
타이틀 / 종합편집															
성우 녹음 / 음악 / 믹싱								→	→						
최종 마스터 완료								→	→						
시사 / 수정									→						
방영										→	→	→	→	→	→

표 7-1 **작업 스케줄 표의 예**

푸드 라이터를 양성하는 전문적인 기관은 아직 우리나라에 개설되어 있지 않다. 대부분 출판사나 신문사에서 장기간 요리를 담당한 편집자나 요리 프로그램의 방송 작가가 그간의 경력을 바탕으로 프리랜서 활동을 선언하는 경우가 대부분이다.

방송 프로그램이 완성되기 위해서 프로덕션은 시장 조사를 바탕으로 방송국에 기획안을 제출하는 것이 일반적이다. 방영이 결정되면, 실질적인 제작에 착수한다. 이때에 가장 중요한 것은 바로 시간이다. 방영 날짜에 맞추어 진행되어야 하기 때문이다. 작업 스케줄표는 프로그램의 성격에 따라 차이가 있다. 작업 일정에 맞추어 요리프로그램 작가는 기본 구성안을 계획한다.

표 7-2
프로그램 기본 구성안의 예

종류	구분	Video	Audio	Time
1	타이틀	세계 웰빙 미각여행 기획 시리즈 봉쥬르 프로방스	타이틀 BGM	0'20'''/0'20"
2	오프닝	진행자 인사	(진행자) 프로방스에 도착한 진행자 오프닝 멘트	0'20'''/0'20"
3	여행지 및 경로 소개	프로방스의 주요 도시 등 지역 풍경과 음식문화 영상 몽타주	(진행자) 간략한 설명과 함께 니스의 이모저모를 돌아보며……	0'40'''/1'30"
4	지역 탐방	그 첫 번째 장소 니스— 명소 위주 관광객, 현지인 인터뷰	(진행자) 음식을 맛보며 시각적, 미각적, 영양적인 설명	4'00'''/5'30"
5	음식 탐방 1	니스의 명물 음식 맛보기	(성우) 재료의 성분 및 효능 설명	7'00'''/12'30"
6	닥터 헬스	니스의 명물 음식 재료 공개 및 성분 소개	(성우) 재료의 성분 및 효능 설명	4'00'''/16'30"
7	음식 탐방 2	니스의 명물 음식 재료	(진행자) 음식에 대해	7'00'''/23'30"
8	닥터 헬스	니스의 명물 음식 재료 공개 및 성분 소개	(성우) 재료의 성분 및 효능 설명	4'00'''/27'30"
9	클로징	분위기 좋은 노천 레스토랑 카페	(진행자) 니스의 음식 탐방 정리 및 다음편 예고	1'30'''/29'00"
10	후 타이틀		타이틀 BGM	0'20'''/29'20"

그 외의 활동 분야

티 텐더 tea tender

기호 식품에 대한 관심이 점점 높아지면서 차가 사교의 수단으로 중요한 역할을 담당해 내고 있다. 특히 차가 몸에 이롭다는 연구결과가 발표되면서 더욱 주목받고 있다. 미래학자인 페이스 팝콘은 차를 마시는 일은 일종의 의식이기도 하고 영적인 행위이기 때문에, 점차 심해지는 영혼 없는 세상에서 하나의 해독제 역할을 한다고 주장했다. 그래서인지 차의 인기는 급상승하고 있다. 이를 인지한 식당들은 다양한 종류의 차 음료를 제공하기 시작했고, 차 담당 직원들이 등장하여 손님들에게 차 종류에 대해 설명해주며 차 고르는 것을 도와준다. 뉴스위크는 커피의 티 텐더^{tea tender}에 대해 '이들은 테이블에 모래시계를 가져와 모두 흘러내린 후에 차를 따른다.'고 소개한 바 있다.

그림 7–13 **차를 이용한 스타일링**

푸드 스타일리스트가 티 텐더처럼 해박한 지식을 갖출 수는 없겠지만, 차와 관련하여 촬영 의뢰가 들어왔을 때를 대비하여 적어도 일반인 이상의 예비지식을 갖춰야 한다.

와인 소믈리에

와인 소믈리에^{wine sommellerie}에 대한 사회적인 관심도 주목할 만하다. 소믈리에^{sommellerie}는 포도주를 관리하고 추천하는 직업이나 그 일을 하는 사람을 말한다. 와인 캡틴^{wine captain} 또는 와인 웨이터^{wine waiter}라고도 한다. 중세 유럽에서 식품보관을 담당하는 솜^{somme}이라는 직책에서 유래하였다고 하는데, 이들은 영주가 식사하기 전에 식품의 안전성을 알려주는 것이 임무였다. 19세기경 프랑스 파리의 한 음식점에서 와인을 전문적으로 담당하는 사람이 생기면서 지금과 같은 형태로 발전하였다. 주요 역할은 고객의 입맛에 맞는 와인을 골라 주고, 식사와 어울리는 와인을 추천하는 것이다.

마찬가지로 잡지나 방송 매체에 와인과 관련한 코너가 인기를 끌면서 이와 관련한 촬영도 급증하고 있다. 따라서 푸드 스타일리스트는 와인의 종류와 맛은 물론 포도의 품종, 숙성 방법, 원산지, 수확 연도 등 와인의 특징에 대한 풍부한 지식을 갖추어야 한다.

그림 7-14
와인을 이용한 스타일링

NEW TABLE & FOOD COORDINATE

플로리스트

이처럼 티 텐더나 와인 소믈리에가 전문적인 직업군임에도 불구하고, 푸드 스타일리스트의 활동영역에서 다룬 이유는 푸드 스타일리스트에게 있어서는 반드시 습득해야 할 분야이기 때문이다. 먹고 마시는 일은 불가분의 관계이다. 따라서 보다 경쟁력 있는 푸드 스타일리스트가 되기 위해서는 티와 와인에 대한 기본적인 소양은 필수적이다.

또한 꽃에 대해서도 전문가 못지않은 감각을 키워야 할 필요가 있다. 꽃은 계절 감각을 표현하기에 가장 적당한 도구이며 때로는 소도구로서의 역할도 홀륭히 해내기 때문이다.

그림 7–15 **꽃을 이용한 스타일링**

NEW TABLE & FOOD COORDINATE

8 색채와 디자인

8 색채와
디자인

인간의 오감 중 가장 먼저 음식을 판단하는 것은 시각이다. 우리는 시각 정보를 통해 음식에 대한 많은 정보를 파악한다. 재료는 무엇인지, 조리법은 무엇인지, 신선도는 어떤지 등 수많은 정보를 읽어내고 음식을 먹을지 말지, 어떤 음식부터 먹을지 등을 결정하게 된다. 우리가 얻는 시각정보는 크게 색채, 형태, 질감으로 구분된다.

1. 푸드와 색채

빛과 색온도

시각정보는 광원(태양빛, 인공조명)에서 나온 빛이 음식에 반사되어 눈으로 들어오는 것에서 시작한다. 그러므로 색에 대하여 이야기하기 전에 먼저 빛에 대해서 이해를 해야 한다. 그리고 빛과 색에 대한 이해는 결국 음식과 식공간을 좀 더 매력적으로 만들기 위한 것을 전제로 한다.

우리 눈에 보이는 가시광선은 고전 물리학에서 전자기파이며, 매질 없이 전파하는 일종의 유동流動 에너지로서, 이 중 우리 눈에 보이는 가시광선의 파장 범위는 380~780nm이다.

이러한 가시광선, 즉 빛은 모든 시각정보의 근원이다. 빛이 없으면 아무것도 보이지 않기 때문이다. 빛이 사물에 비추고, 사물에서 반사되어 나온 빛을 우리가 눈으로 인지하는 것이 시각정보의 시작이다. 여기서 대부분이 간과하는 부분이 있는데, 바로 빛에도 색이 있다는 것이다. 정확히 말하면 색온도라는 것으로, 그 단위는 K Kelvin이라고 한다. 완전 방사체(흑체)의 분광 복사율 곡선으로 흑체의 온도. 절대 온도인 273℃와 그 흑체의 섭씨 온도를 합친 색광의 절대 온도이다. 표시 단위로 K를 사용한다. 완전 방사체인 흑체는 열을 가하면 금속과 같이 달궈지면서 붉은색을 띠다가 점차 밝은 흰색을 띠게 된다. 흑체는 속이 빈 뜨거운 공과 같으며 분광 에너지 분포가 물질의 구성이 아닌 온도에 의존하

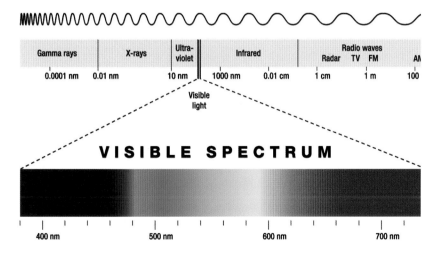

그림 8-1 **가시광선**

는 특징이 있다. 색온도는 온도가 높아지면 푸른색, 낮아지면 붉은색을 띤다.

* 해 지기 직전 : 2200K(촛불의 광색)

* 해 뜨고 40분 후 : 3000K(연색 개선형 온백색 형광등, 고압 나트륨 램프)

* 해 뜨고 2시간 후 : 4000K(백색 형광등, 온백색 형광등, 할로겐 램프)

* 정오의 태양 : 5800K(냉백색 형광등)

* 흐린 날의 하늘 : 7000K(주광색 형광등, 수은 램프)

2. 색채

색을 구분하고 지각하는 요인은 크게 색상, 채도, 명도의 세 가지 개념이다. 파란색 또는 노란색으로 구분되는 요인을 색상이라 하고, 밝은 색 또는 어두운 색으로 구분되는 것을 명도라고 한다. 그리고 진한 색 또는 연한 색으로 구분되는 것을 채도라고 한다. 모든 색은 색상, 명도, 채도의 속성을 가지고 있으며, 이것을 색의 3속성이라고 한다.

색을 빛의 속성으로 설명하면, 색상은 빛의 길고 짧은 파장 자체로 결정되며, 명도는 물체가 반사한 빛의 양에 따라, 채도는 빛의 파장이 갖는 순수한 정도에 따라 결정된다. 사람의 눈은 밝고 어두움으로 구분되는 명도에 가장 예민하며 그 다음으로는 색상, 채도의 순으로 분별 감각이 발달해 있다.

색상 hue

색상은 가시광선 내의 파장의 길이에 따른 결과물로 우리에게 보여 진다. 파장이 가장 긴 것은 빨간색이고, 그 다음부터 파장이 짧아지는 순서대로 노랑, 초록, 파랑, 보라색이 된다.

1차색은 빨강^R, 노랑^Y, 파랑^{B}의 원색으로 색을 섞어 다른 여러 색을 만들 수 있다. 2차색은 녹색^G, 보라^P, 주황^{YR}으로 1차색을 섞어 만든 것이고, 3차색은 1차색과 2차색을 혼합해 만든 연두^{GY}, 청록^{BG}, 남색^{PB}, 자주^{RP}이다.

빛의 파장이 어떠냐에 따라 그 색상이 달라지는데 대체로 장파장은 붉은빛을 띠고, 단파장은 푸른빛을 띠며, 중파장은 초록빛을 띤다. 색상은 순수한 색일수록 지각하기 쉽다. 여러 가지 색이 혼합된 경우에는 색상이 강하게 드러나지 않

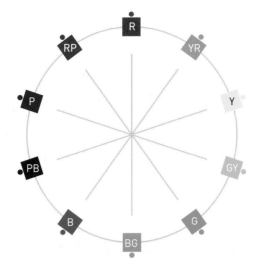

그림 8-2 **10 색상환**

아 지각하기가 쉽지 않다. 빛의 스펙트럼에서 분명하게 구별되는 색상은 빨간 색, 노란색, 초록색, 파란색, 보라색 등 5가지 색상이다. 먼셀^{Munsell}은 이 5가지 색체계를 기본 색상으로 삼아 색체계를 만들었다.

빨간색과 노란색은 불이나 태양처럼 따뜻한 느낌을 주기에 난색^{Warm color}이라 고 부르고, 보라색과 파란색은 물이나 얼음처럼 차가운 느낌을 주기에 한색^{Cold color}이라고 부르며, 양쪽에 속하지 않는 초록색은 중성색^{Neutral color}이라고 구분 한다.

여기서 주목할 만한 사실은, 한색과 중성색의 영역보다 난색의 파장 영역이 더 크다는 것이다. 그만큼 난색 계열로 표현할 수 있는 색이 더 많고 풍부하다 는 것을 의미한다. 난색에서는 다양한 뉘앙스가 나올 수 있다는 것이다. 그리 고 이러한 난색 중 빨간색은 그 파장이 다른 색보다 길기 때문에 대기 중 먼지 나 공기입자 등과 같은 장애물 통과능력이 색 중에 가장 우수하다. 색상만 놓고 본다면 빨간색의 가시성이 가장 우수한 것이다. 이런 이유로 자동차의 정지등 이 빨간색이고, 위험이나 정지 표지판은 빨간색이며, 비상시 한눈에 들어와야 하는 소방기구 등이 빨간색이며, 이는 국제적인 흐름이다. 즉, 식공간에 있어서 도 특별한 이유나 콘셉트가 없다면 빨간색을 포함한 난색이 적어도 가시성 측 면에서는 유리하다는 것이다.

그림 8-3을 보았을 때 가장 먼저 시선을 사로잡는 것은 어떤 것인지 살펴본다. 대부분은 가장 윗줄의 사과나 딸기라고 대답할 것이다. 난색 계열의 식재료가

그림 8-3 다양한 색상의 색재료

눈에 먼저 보이고, 강렬한 인상을 주는 것은 매우 자연스러운 현상이다. 그렇기 때문에, 푸드 스타일링에서의 난색 계열 식재료를 적절하게 사용하는 것은 효율적인 시도라고 볼 수 있다.

하지만 그렇다고 주로 빨간색이나 난색만을 쓸 수는 없다. 주연이 돋보이려면 적절한 조연이 필요한 법이다. 색상은 오행처럼 서로 상관관계로 존재한다. 아래의 색상환이라고 하는 표에서 빨강과 초록처럼 서로 마주보고 있는 색들의 관계를 보색이라고 한다. 이론적으로는 두 색은 서로 성분이 정반대이기 때문에 섞으면 완벽한 무채색이 나온다. 그리고 이러한 보색은 서로 같이 놓았을 때 강한 대비감을 주기 때문에 보색 대비라고 한다. 보색 대비는 시각적으로 너무 강해서 오히려 이질감을 주기 쉬워 조심스럽게 사용해야 한다. 예를 들면, 둘 다 원색에 가까운 빨강과 초록을 쓰는 것이 아니라, 약간 빛바랜 듯한 초록을 사용해서 빨강을 받혀주는 식으로 사용하는 것이 좋다. 아래 연어 사진의 경우, 난색인 식재료가 주인공이고, 그 주변을 레몬의 노랑, 상추의 연한 초록 등으로 받쳐주어 가시성을 높인 예시이다.

이렇게 여러 가지 색들을 보기 좋게 배치하는 것을 배색이라고 하며, 배색 패턴과 주로 사용하는 색감들은 작가와 작품의 특징과 개성을 파악하는 중요한 요소가 된다. 좋은 배색을 위해서는 지나친 보색 대비는 피하며, 아래 색상환 기준으로 좌우 4칸 정도에 있는 색들끼리 배색을 해 나가면서 자신만의 개성적 인 배색 패턴을 만들어 나갈 수 있다.

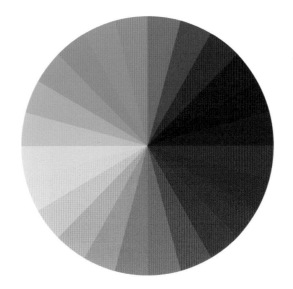

그림 8-4 **기본 24색 색상환**

그림 8-5
가시성이 돋보이는 연어구이

우리는 오랜 시간 학습되어온 색상에 대하여 선입견을 가지고 있기 때문에 고정관념에서 벗어나고자 하는 시도를 두려워한다. 하지만 이러한 개념을 잘 이해함으로써 새로운 아이디어에 활용하거나 피하는 시도를 하는 것이 중요하다. 아래의 사진에서 왼쪽의 빨간 딸기주스 사진은 누가 봐도 딸기 맛임을 알 수 있지만, 오른쪽 음료수의 경우는 파란색이기 때문에 마셔본 경험이 없는 사람들 중에서 저 맛이 딸기 맛임을 알아차리는 사람은 거의 없다. 이것은 색과 맛의 불일치로 색다른 긍정적 경험을 끌어낸 좋은 사례라 하겠다.

〉
그림 8-6
붉은색의 딸기주스

》
그림 8-7
딸기 맛을 가진 파란색 음료

명도 value

명도^{明度}, 밝은 정도라는 뜻으로 밝고 어두움의 정도를 나타낸다. 물체의 표면이 빛을 흡수하고 반사하는 정도에 따라 색의 밝고 어두운 정도는 달라진다. 물체에서 들어오는 대부분의 빛을 흡수하면 어두운 색을 띄며 반대로 들어오는 대부분의 빛을 반사시키면 밝은 색으로 보인다. 사람의 눈은 밝고 어두운 것에 민감하므로 색의 3속성 중 명도에 대한 이해가 쉬운 편이다.

빛이 전혀 없는 암흑과 가장 밝은 상태인 빛 그 자체 사이에 존재하는 다양한 밝기의 정도를 말하는 개념이다. 우리 눈에 보인다는 것은 이미 어느 정도 이상의 빛을 반사하기 때문에 엄밀히 말하자면 가장 어두운 검정은 볼 수 없는 상태를 의미한다. 하지만, 실생활에서 명도를 실용적으로 쓰기 위하여 보편적으로 우리는 볼 수 있는 정도의 어두움을 아래 표에서의 0번에 해당하는 검정이라고 한다.

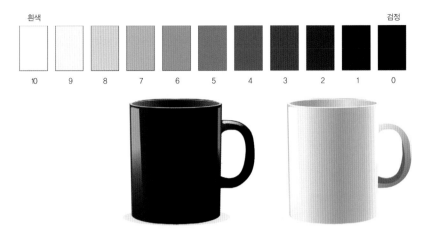

그림 8-8 **무채색의 명도 단계**

그림 8-9 **명도차에 의한 가시성**

명도는 그 자체로도 흰색, 회색, 먹색, 검정 등 색상을 의미하기도 한다. 이들은 어떠한 색상의 특징을 가지고 있지 않기 때문에 무채색이라고 한다. 이상적인 무채색은 가시 스펙트럼 파장 영역에서 균등한 반사율, 또는 투과율을 갖는다. 이러한 명도는 서로 맞붙은 사물간의 명도 차이, 즉 명도차가 생길 때 더 많은 가시성을 확보한다.

그림에서 하얀 바탕에 검정 머그컵은 명도차가 크기 때문에 눈에 잘 띈다. 하지만 흰색 바탕에 흰색 머그컵은 명도차가 적기 때문에 왼쪽의 검정 머그컵에 비하여 가시성이 떨어진다. 푸드 스타일링이나 식공간 연출 시 명도 차이만으로도 충분히 가시성을 확보할 수 있는 가능성을 볼 수 있다.

무채색에서의 명도 단계가 위의 그림과 같다면, 색상이 들어갔을 경우의 명도 단계는 아래와 같다. 빨간색만 놓고 보았을 때 한가운데의 빨간색이 표준적인 명도라고 본다면, 빨간색에서 명도가 낮아지면 즉, 검은색으로 변해 갈수록 갈색이 되다가 검은색으로 수렴하고, 반대로 빨간색에서 명도가 높아지면 연어색을 거쳐서 흰색으로 수렴한다. 우리가 알고 있던 빨간색과 갈색, 연어색은 전혀 다른 색들이 아니라 사실 명도만 다른 형제였던 것이다.

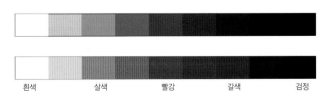

그림 8-10
무채색과 유채색의 명도 단계

그리고 채도가 100%인 순색들끼리도 서로 명도가 다르다. 그림 8-11의 왼쪽을 보면, 처음에 소개했던 24색 기본 색상환인데, 이를 흑백으로 그대로 바꿔 보면 노란색이 가장 밝은 회색으로 바뀌는 것을 볼 수 있다. 즉, 순수한 노란색이 순색(채도 100% 색상, 원색)들 중 가장 명도가 높은, 즉 밝은 색이라는 것이다. 가장 어두운 회색으로 변하는 파란색의 경우 노란색과는 반대로 순색 중 가장 명도가 낮은 색이다.

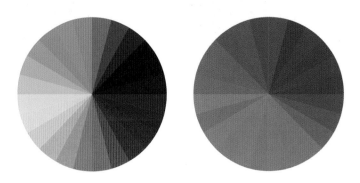

그림 8-11
24색 기본 색상환과 흑백 색상환

채도 chroma

채도는 색의 맑은 정도, 선명도를 나타낸다. 색이 맑을수록, 원색에 가깝다는 이야기이고, 색이 탁하다는 것은 그만큼 무채색에 가깝다는 것을 의미한다.

그림 8-12의 색상표를 보면 한가운데 아래쪽에 있는 빨강은 빨강이라는 원색 그 자체이다. 그래서 채도가 높다고 구분을 한다. 그 주변에는, 빨강에 흰색, 회색, 검정을 섞은 다양한 색들을 볼 수 있다. 빨강이라는 원색에서 그만큼 멀어

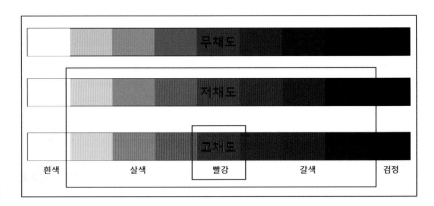

그림 8-12 **채도의 단계**

그림 8-13 **채도에 따른 식 재료**

졌기 때문에, 채도가 낮다는 표현을 쓴다. 그리고 그 바깥쪽에, 빨강이 전혀 섞이지 않은 흰색, 회색, 검은색을 우리는 무채색이라고 한다.

그림 8-13은 셋 다 같은 사진인데, 왼쪽은 사진의 채도가 100%이고, 가운데는 채도가 50%, 오른쪽은 채도가 0%이다. 채도가 100%인 사진은 식재료들이 매우 선명하고 신선하게 보인다. 채도가 50%인 가운데 사진은 약간 빛바랜 느낌이 들며 차분하고, 오래전에 찍은 사진처럼 보인다. 그리고 채도가 0%가 되면 흑백사진이 된다. 색상정보가 전혀 없기 때문이다. 흑백 사진의 경우 명암만으로 사물이 구분되기 때문에, 식재료의 구분이 힘들어진다. 그러므로 식공간이 주제가 되는 사진에서 흑백사진은 바람직하지 않다. 그 외에 식재료의 신선함을 강조하고 싶으면 사진의 채도를 높이고, 차분하고 고풍스러운 느낌을 강조하고 싶으면 채도를 낮추는 것으로 효과를 볼 수 있다.

색조 tone

색조체계는 명도와 채도의 개념을 하나로 합쳐 색의 명암이나 강약 또는 농담 등을 표현하는 방법이다. 색조표는 수평 방향으로 채도가 낮은 쪽에서 채도가 높은 쪽으로, 수직 방향으로 명도가 낮은 색에서 명도가 높은 색으로 배열되어 있다. 그리고 색조의 단계는 11단계로 나누어 볼 수 있다. 선명한[vivid], 강한[strong], 밝은[bright], 맑은[pale], 연한[very pale], 흐릿한[light grayish], 은은한[light], 탁한[grayish], 차분한[dull], 진한[deep], 어두운[dark] 단계로 표현된다.

표 8-1

색채 3속성 차이에 따른 표현감

	차이	조합	느낌
색상 차이	동등 또는 유사 색상	따뜻한 색끼리의 조합	동적 · 따뜻함
		차가운 색끼리의 조합	정적 · 차가움
	대립 색상	따뜻한 색과 차가운 색의 조합	쾌적함
		보색의 조합	강함, · 원초적
명도 차이	명도 차이가 적음	높은 명도끼리의 조합	가벼움 · 밝음
		낮은 명도끼리의 조합	무거움 · 어두움
	명도 차이가 큼	높은 명도와 낮은 명도의 조합	강함 · 명쾌함
채도 차이	채도 차이가 적음	높은 채도끼리의 조합	젊음 · 활기 · 뜨거움
		낮은 채도끼리의 조합	차가움 · 은근함
	채도 차이가 큼	높은 채도와 낮은 채도의 조합	긴장감 · 화려함

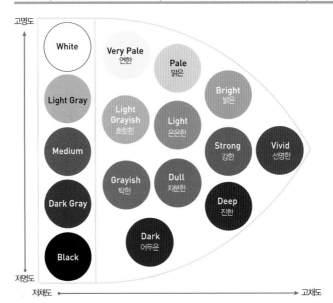

그림 8-14 **색조 스케일**

미각색

우리의 감각기관은 별도로 독립되어 있는 것이 아니라 서로 보완기능을 가지고 있다. 따라서 맛이나 향기에 관련된 상품을 개발할 때의 색채 계획은 매우 중요하다. 만약 시각적 맛의 기대치가 실제 맛과 일치하지 않는다면 그 상품의 이미지는 그만큼 산만하게 되어 소비자에게 오래 기억될 수 없기 때문이다. 사실상

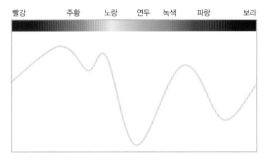

빨강　　　주황　노랑　연두　녹색　　파랑　　　보라

그림 8-15 **식욕의 스펙트럼 색상**

우리는 음식의 색에 거의 즉각적인 반응을 일으키며, 그에 따라 식욕이 증진되기도 하고 감퇴되기도 한다.

색과 식욕은 서로 직접적인 연관이 있으며 색자극에 의한 반응도 이미 알려진 사실이다. 밝고 따뜻한 색인 빨강, 주황, 노랑은 소화를 포함하여 인간의 자율신경계를 자극하는 반면, 부드럽고 차가운 색은 자율신경계를 이완시킨다. 새나 동물에게도 붉은 계통과 노란색 계통의 빛은 배고픔을 자극하고, 파란색이나 초록색은 배고픔을 억제한다.

스펙트럼상의 색상을 보면 식욕을 가장 잘 돋우는 색은 주황색과 오렌지색이며, 이 부분의 색상은 가장 유쾌한 기분이 들게 한다. 그러나 연두색 쪽으로 감에 따라 식욕이 점점 떨어지는 사실을 알 수 있다. 비록 연두색이 의복이나 가정용 가구에 사용될 때는 멋있게 보일지는 모르나 식품에 이용될 때는 맛없게 보인다. 그리고 찬 녹색과 청록색에 와서 다시 식욕을 찾고 보라색에 이르러서는 다시 떨어진다. 산호색, 복숭아색, 연노랑, 연초록은 물론, 주홍색, 홍학색, 호박색, 밝은 노랑과 같은 색상이 식욕을 돋운다.

물색, 청록색과 같은 청색이나 녹색 계열은 식품 그 자체와는 어울리지 않으나 식품 진열대의 배경색이나 후면장식에 이용하면 주목을 끌고 돋보이게 한다. 식욕을 돋우지 못하는 색으로는 자홍색, 자주, 남보라, 연두색, 녹황색, 회색, 올리브색조, 겨자 색조와 회색조를 들 수 있다.

그림 8-16

그릇의 색에 따른 식품 효과

색채와 디자인

그림 8-17 **음식의 색과 맛**

01 노랑

따뜻하고 즐거운 분위기의 노랑은 신맛과 달콤한 맛을 동시에 느끼게 하여 식욕을 촉진시키며 시각적으로 음식의 맛을 향상시키는 역할을 한다. 특히 녹색을 띤 노랑이나 노랑을 띤 녹색은 신맛을 강하게 느끼게 되어 과일 중 신 과일이라면 레몬을 생각하게 된다.

02 빨강

비렌Birren Faber에 따르면 색들 가운데서 가장 맛있게 보이는 색은 주황 계통의 색이며, 순색들 가운데서는 빨강색이 가장 식욕을 돋우는 색이다. 실제로 많은 패스트푸드점이나 음식점에서는 빨강을 주조색으로 사용하고 있다. 빨강은 감미롭고 달콤하며 잘 익었다는 느낌을 주지만, 어두운 빨강은 자주색과 비슷하기 때문에 식욕을 돋우지 못한다.

03 오렌지

빨강색보다는 자극적이지 않지만 음식의 색으로서는 달콤한 맛과 부드러운 맛을 강하게 느끼게 한다.

04 녹색

녹색은 신선한 야채나 과일을 연상시킨다. 밝은 녹색은 신선함 때문에 상큼한 맛을, 어두운 녹색은 쓴맛을 느끼게 한다. 녹색이 노랑과 배색되면 신맛이, 갈색과 배색되면 텁텁하고 쓴맛이 떠오른다.

05 보라

신비롭고 독특한 느낌이 있을 것 같지만 음식의 색으로는 포도나 블루베리 같이 달콤한 맛이 연상되는 것이 아니라 쓴맛과 동시에 음식이 상한 느낌을 준다.

06 파랑

대개 난색은 단맛의 느낌을 주는 반면 한색은 쓴맛의 느낌을 주므로, 파랑색은 그 심미적인 아름다움에도 불구하고 어떤 음식에 쓰여도 좀처럼 식욕을 돋우지 못한다. 그러나 다른 음식을 더 맛있게 보이게 하므로 음식의 배경색으로는 아주 좋은 색이다.

07 핑크

달콤한 맛을 강하게 느끼게 하는데, 특히 차를 마실때 테이블 세팅 색상이 핑크라면 차 맛이 달콤하게 느껴질 정도로 단맛을 느끼게 한다.

08 갈색

맛이 강하며 향도 진한 색이다. 조리된 음식의 색으로 색이 진할수록 칼로리도 높고 맛도 진하다. 갈색은 색상으로는 주황색 계열이다.

09 흰색

담백한 맛과 짠맛을 느끼게 한다. 흰색을 배경으로 음식을 담으면 음식의 색을 원색으로 반사시켜 식욕을 느끼게 만드는 역할을 한다. 특히 흰색은 깨끗하고 위생적인 느낌을 주므로 붉은 계통의 색과 더불어 음식점의 실내장식에 적합하다.

10 검정

고급스럽고 모던한 분위기를 연출하나 쓴맛과 부패한 느낌을 주며 음식의 맛을 제대로 느낄 수 없게 만든다.

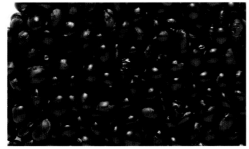

그림 8-18

색상에 따른 미각 이미지

음식의 색과 맛

'달다', '시다', '쓰다' 등의 미각을 우리들은 체험하며 기억하고 있다. 모든 식품이나 과일에는 특유의 색이 있어 미각체험이 없어도 '달다', '맵다', '떫다' 등의 이미지를 떠올릴 수 있다.

음식과 컬러 코디네이트

색채는 음식의 일부이다. 식기의 색채도 미각에 작용하므로 조잡한 그릇에서는 맛있는 음식도 맛없게 느껴진다.

그릇의 종류와 색에 의해 요리의 맛이 좌우되는 현상을 후광 효과$^{halo\ effect}$ 또는 배경 효과라고 한다. 사람이나 사물의 어떤 특징에 대해서 좋거나 나쁜 인상을 받으면 그 사람이나 사물의 다른 모든 특징에 대해서도 편승하여 높거나 낮은 평가를 하게 되는 것을 말한다.

요리를 맛보는 식공간을 100%라고 하면 요리는 약 5%의 색면적을 차지하여 액센트 컬러$^{accent\ color}$가 된다. 그릇과 식탁이 25%의 색면적을 차지해 요리를 색채 대비로 끌어올리는 서브 컬러$^{sub\ color}$가 된다. 식탁의 환경, 좌석, 바닥, 장식품, 정원 등의 주위 분위기가 70%로 색면적을 차지하는 베이직 컬러$^{basic\ color}$가 된다. 이들 100% 식공간에는 맛을 보는 사람의 심리 상태, 건강 상태, 교양, 요리사의 태도와 같은 많은 요소가 관여된다. 이들 요소의 융합이 요리의 후광 효과가 된다.

표 8-2 **색과 미각 이미지**

색	미각 이지미
흰색	□ 영양분이 있는, 산뜻한, 청결한, 부드러운, 시원한
회색	▨ 맛없는, 불쾌한
복숭아색	▥ 달다, 부드러운
빨간색	■ 달다, 영양분이 있는, 지나치게 진한, 신선한
적자색	▦ 지나치게 진한
짙은 적자색	■ 달다, 따뜻한, 진한
어두운 갈색	■ 맛없는, 딱딱한, 따뜻한
오렌지색	▦ 달다, 영양분이 있는, 지나치게 진한, 맛있는
탁한 오렌지색	▥ 오래된, 딱딱한, 따뜻한
크림색	달다, 영양분이 있는, 산뜻한, 맛있는, 부드러운
노란색	▧ 영양분이 있는, 맛있는
탁한 노란색	▥ 오래된
어두운 노란색	▦ 오래된, 맛없는
매우 연한 황록색	▨ 산뜻한, 시원한
황록색	▦ 산뜻한, 시원한
어두운 황록색	▥ 불쾌한
매우 연한 녹색	▦ 산뜻한
녹색	■ 신선한
매우 연한 청록색	▦ 시원한
물색	▦ 시원한

   각 식재료의 고유한 색과 그릇의 색 조화는 먹는 사람의 눈을 즐겁게 하고, 식욕을 불러일으킨다. 이때 식욕을 돋우는 색을 고려하여 전체적인 분위기가 주제에 맞도록 한다.

   그리고 색채 조화는 함께 사용된 색들의 전체적인 인상, 즉 색채 구성의 전체적인 시각효과를 가리키는 것으로 2색 또는 다색의 배색에 질서를 주는 것이다. 통일과 변화, 질서와 다양성과 같은 반대 요소를 모순과 충돌이 일어나지 않도록 조화시키는 것을 말한다.

3. 푸드와 디자인

푸드 디자인의 이해

디자인은 창조적 이미지를 실현하기 위한 아이디어를 조형적 방법으로 가시화하는 행위이다. 우리 인간의 욕구를 충족시켜주는 좋은 디자인은 '미^{美}와 용^{用}의 조화', 즉 미적인 것^{beauty}과 기능적인 것^{function}을 통합할 수 있어야 한다. 요리에서 디자인은 음식의 영양과 맛인 '용'에 '미'를 조화시킴으로써 먹는 사람에게 감동을 주는 역할을 하는 것이다. 또한 푸드 코디네이터의 디자인적 개성이 매력 있는 요리를 창조하여 타인과 구별되는 독창적인 예술성을 가미한 요리로 승화되는 힘을 준다.

요리의 표현은 형태로 다양하게 나타나며, 형태는 shape, form, mass, area 등의 다양한 용어로 불린다. 표시된 이미지가 삼각형, 사각형, 원형, 타원형 등의 특성을 갖게 될 때 이를 shape로, 삼각뿔, 사각뿔, 삼각기둥, 사각기둥, 원기둥 등 용적과 방향을 나타내는 전체가 되었을 때 이를 form으로 구분한다. 이렇게 볼 때 서양 식공간의 테이블웨어^{tableware}들은 접시 레이아웃^{layout}의 기본을 shape로 확실히 갖춘 후 각 연출가가 무언가 다른 독창적인 요리를 form으로 표현한 것이 '요리의 디자인'이라 할 수 있을 것이다. 결국 푸드 스타일링의 디자인은 '어떤 형태^{shape}의 접시에 무엇을 어떤 형태^{form}로 표현하고 싶은 것인가?'이다.

구도의 기본 형태인 점, 선, 면

형태의 종류는 개념상 점, 선, 면의 세 가지로 나뉜다. 점은 면적과 방향성은 없지만 우리 눈에 인지되는 모든 것들을 의미한다. 선은 면적은 없지만 방향성이 있는 형태를 말하고, 면적이 있는 모든 형태를 우리는 면이라고 한다.

표 8-3 **구도의 기본 형태**

	면적	방향성
점	×	×
선	×	○
면	○	형태에 따라 다름

여기에서 점 이나 선의 면적이 없다고 했는데, 물론 엄밀하게 따져서 현미경으로 확대해서 살펴보면 당연히 일정 부분의 면적을 차지하고 있다. 하지만 여기에서 면적이 없다는 것은 우리가 인식할 때 면적이 없는 것처럼 느껴지는 상태를 의미한다. 이 부분은 점, 선, 면의 실제 배치에 따라서도 상대적이고, 개개인의 경험정도에 따라서도 달라질 수 있지만, 여기에서는 보편적인 상황에 대해서 기준이 될 만한 것들을 살펴보도록 한다.

점 point

면적도, 방향성도 없지만 분명 눈에 보이는 형태를 점이라고 한다. 이러한 점은 방향성도 면적도 없지만 시선을 끄는 강력한 힘을 가지고 있다. 점, 선, 면은 서로 형태라는 대등한 위치로서 힘을 가지고 있고, 점의 경우는 그 힘이 말 그대로 한 점에 응축되어 있기 때문에 강한 가시성을 가지게 된다. 그래서 무언가를 강조한다고 할 때 흔히 '포인트point를 준다'라고 이야기하며, 포인트라는 영[*]단어에 점이라는 의미와 강조하다는 사전적 의미가 같이 들어 있는 것은 결코 우연이 아니다.

그림 8-19에서 우리는 3개의 점이 있는 것을 확인할 수 있다. 하지만 이 점들을 확대한 오른쪽 그림을 보면, 검은색 동그라미와 파란색의 육각형, 노란색의 별 모양의 면들이 있는 것을 볼 수 있다. 이처럼 점은 그 세밀한 형태나 색상과는 상관없이 그 크기가 작아져서 상대적으로 면적이 느껴지지 않는 상태를 의미한다.

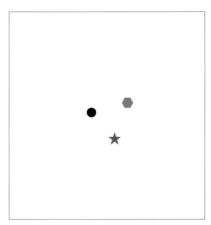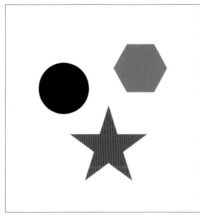

그림 8-19
크기에 따른 점의 상대성

실제 사례로 다시 한 번 살펴보면, 그림 8-20의 왼쪽 딸기는 분명 면적이 있는 딸기의 형태를 지니고 있다. 하지만, 이러한 딸기가 오른쪽 사진처럼 딸기보다 큰 케이크에 장식으로 올라가게 됨으로써, 면이 아닌 점의 속성을 지니게 된다. 점은 면과 함께 쓰일 때 비로소 점이 되는 것이다.

그림 8-20
면적에 따른 점의 속성

이러한 점을 사용할 때 주의사항이 존재한다. 점을 한 방향으로 연속해서 배치하게 되면 방향성을 갖게 되어 그림 8-21처럼 점이 아닌 선(점선)이 되어버린다. 그리고 일정한 밀도로 공간을 채우게 되면 넓이를 가지게 되어 면(도트^{dot} 무늬의 면)이 된다.

이것에 대한 해답을 찾기 위해 인간의 인지구조 및 기억의 원리를 알아본다. 단기 기억은 작업 기억이라고도 하며, 순간순간 우리가 받아들이는 자극들이 잠시 머물다 사라지는 일종의 책상과 같은 것이다. 그리고 장기 기억은 우리가 '기억하고 있다'고 생각하는 것으로, 책상 옆에 있는 책장이라고 생각하면 된다.

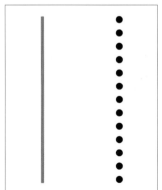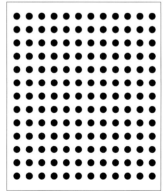

그림 8-21 **점의 방향성과 넓이**

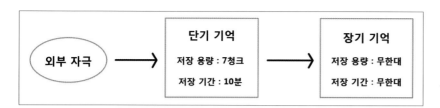

그림 8-22
외부 자극에 의한 기억 원리

외부에서 자극이 들어오면, 먼저 단기 기억장치로 넘어간다. 이 용량은 7청크chunk이고, 저장기간은 10분이다. 청크는 기억의 조각단위로, 전화번호가 보통 7자리 전후로 이루어져 있는 것은, 인간의 청크 용량을 고려해서이다. 물론 청크 용량은 개인별로 약간씩 차이가 있을 수는 있다. 그리고 숫자와 같은 단순한 것들만을 청크로 묶을 수 있는 사람이 있고, 조금 더 복잡한 단어나 문장, 인상 등을 청크로 묶을 수 있는 사람도 있다. 하지만 이 청크라는 것은 굉장히 한정적이고, 기억의 휘발성이 매우 강하다. 우리가 음식을 시키기 위해 음식점에 전화를 걸었다고 했을 때 10분 후에도 그 전화번호를 정확히 기억하는 것은 어렵다. 이것이 단기 기억의 한계인 것이다. 그래서 반복학습을 해서 장기 기억으로 넘기거나, 장기 기억에 이미 저장되어 있는 기억과 연관시켜 저장시켜야 온전히 기억으로 남는다.

이러한 단기 기억의 한계로 인해 결과적으로, 외부 자극을 최대한 단순하게 만들려고 하는 본능이 있는 것이다. 이 현상은 인간이 어떠한 형태를 볼 때에도 나타난다. 인간은 형태를 파악하면서 무의식중에 그림 8-23의 네 가지의 행동을 취하게 되는데, 이를 게슈탈트의 법칙이라고 한다.

첫 번째 근접성의 원리는, 서로 가까운 곳에 있는 것들을 묶어서 본다는 것이다. 그래서 직선이 9개가 있다고 보지 않고, 직선 그룹이 세 개 있다고 파악하게 되는 것이다. 두 번째 유사성의 원리는 비슷한 성질의 것들이 떨어져 있더라도 자연스럽게 하나의 그룹으로 인식한다는 것이다. 세 번째 연속성의 원리는 근

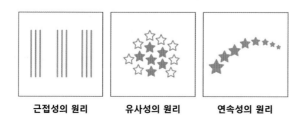

근접성의 원리   **유사성의 원리**   **연속성의 원리**   **폐쇄성의 원리**   그림 8-23 **게슈탈트의 4가지 원리**

처에 있는 조형요소들을 자연스럽게 이어서 본다는 것이다. 마지막 폐쇄성의 원리는 불완전한 형태를 완전한 형태로 인지하려는 심리를 말한다.

이런 이유로, 점을 남용하게 되면 점은 선이나 면을 만들기 위한 재료가 될 뿐이며, 점이 가지고 있는 고유의 폭발력과 가시성은 더 이상 찾아볼 수 없게 된다.

그림 8-24의 쿠키와 계란처럼, 점을 남발하면 선이나 면을 구성하고 장식하는 요소가 될 뿐이다. 이렇게 되면, 애초에 점을 점처럼 사용하려던 조형적 의도는 틀어지게 되는 것이다.

그림 8-24
많은 점으로 장식된 쿠키와 달걀

그림 8-25는 점으로 디자인된 음식 사진들이다. 음식에 소스나 오일, 고명, 허브잎, 견과류, 크루통, 다진 잎 등을 점으로 표현하여 음식을 장식하였다.

그림 8-25 **점으로 디자인 된 음식**

선 line

선은 방향성은 있는데 면적이 없는 형태를 이야기한다. 마찬가지로, 심리적으로 면적이 없는 형태를 이야기하며, 그림 8-26의 점과 마찬가지로 주변 어울림에 따라 상대적이다.

선은 직선, 곡선뿐만 아니라, 앞서 설명한 인간의 인지적 특성으로 인해 점들의 집합 또한 선으로 인식한다. 물론 심리적 면적이 없는 선이지만, 너무 확대를 하면 심리적 면적이 생겨, 그림 8-26의 오른쪽 그림처럼 면으로 보이게 된다.

선은 그 조형적 특징으로 다양한 효과를 표현할 수 있다. 1번의 경우는 선을 같은 방향으로 놓아 규칙적이고 평온한 이미지를 연출한다. 2번의 경우는 우측 상단으로 시야를 끌어당기는 힘을 발휘한다. 3번의 경우는 선을 이용하여 면 자체를 분할하여 면에 완급 조절과 리듬감을 주는 역할을 한다. 4번의 경우에는 무질서와 불쾌감을 준다. 이는 규칙을 찾아내어 최대한 압축하고 단순하게 인식하려는 인간의 본능에 위배되는 배치이기 때문이다. 그렇기 때문에 선을 사용할 경우에도 어떤 느낌을 주기 위해 선을 사용하는지 그 목적을 분명히 한 뒤 거기에 맞는 선 요소를 사용해야 한다.

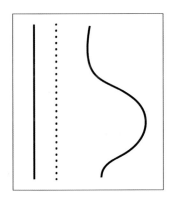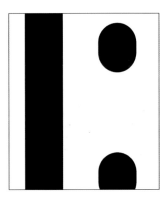

그림 8-26 **선의 방향성과 면적**

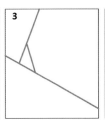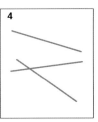

그림 8-27 **선의 조형적 특징**

그림 8-28처럼 선들이 모여서 규칙성을 가질 때 그것 자체로도 조형적 완성도를 띄기도 한다. 오른쪽 사진은 선적 요소가 장식으로 쓰이는 사례 중 하나이다.

그림 8-28 **선의 규칙성과 장식성**

다음은 선으로 디자인된 음식 사진들이다. 음식에 부재료나 소스, 커틀러리 등을 선으로 표현하여 음식을 장식하였다.

그림 8-29
선으로 디자인 된 음식

면 surface

면은 넓이를 가진 조형 요소이다. 면은 그 모양과 비례에 따라 다양한 느낌을 준다.

먼저 모양에 대해서 살펴보자. 그림 8-30의 1번은 원 형태로 방향성이 전혀 없이 안정된 느낌은 준다. 2번은 정사각형 형태로, 모서리가 있기 때문에 원보다는 날카롭고 강한 느낌을 준다. 3번과 4번은 모서리의 각이 예각(날카로운 각)이어서 강렬하지만 그만큼 보는 사람에게 부담감을 줄 수도 있다. 이런 형태는 그 자체로 매우 강하기 때문에 접시로 사용할 경우에 시선이 음식이 아닌 접시로 쏠릴 수 있어서 주의해야 한다. 5번의 경우에는 그 형태가 복잡하고 정리가 안 되어 보여서 최대한 단순화시키고 정리하려는 인간의 본성에 위배되기 때문에 불쾌감을 주는 형태이다. 이러한 형태는 분야를 막론하고 지양해야 한다. 마지막 6번의 경우에는 5번보다 그 형태가 더 복잡하고 예각들이 많이 보인다. 하지만 우리는 이것을 '나뭇잎 모양'이라는 하나의 청크로 단순화하고 정리할 수 있기 때문에 그 형태의 복잡성에 비해 불쾌감을 주지는 않는다. 인간은 자연의 상태를 가장 편안하게 느끼고, 나뭇잎처럼 자연에서 쉽게 찾아볼 수 있는 형태는 그만큼 편하게 인식될 수 있다. 이렇게 기존 사물과 연관지을 수 있는 형태는 그 자체로 많은 스토리를 내포하고 있기 때문에 적절한 사용으로 무언의 메시지를 던질 수 있다.

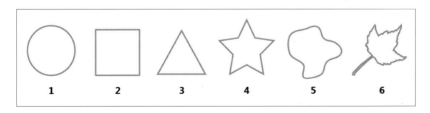

그림 8-30 **모양과 비례에 따른 면**

인간에게 가장 익숙한 것은 자연이다. 지구라는 자연의 결정체에서 살면서 자연의 물리법칙, 자연의 경관 같은 것들은 말 그대로 자연스럽게 인간의 무의식 속에 심어져 있다. 이것을 염두에 두고 위 그림 8-31의 다양한 비례들을 보자. 1번의 세로로 긴 직사각형은 역동적이기도 하지만 불안한 느낌을 준다. 우리는 저런 긴 물체를 세웠을 때 쉽게 넘어질 거라는 것을 익히 알고 있고, 그러한 자연의 법칙이 형태를 인지하는 우리의 인지과정에서도 작용하기 때문이다. 2번의 정사각형은 굉장히 안정적이고 정적인 느낌을 준다. 3번의 경우 고전 미학에서 말하는 황금비례로 세로와 가로의 비례가 1:1.618인 사각형이다. 이러한 황금비례는 수학이 소수의 특권이던 시절 비밀스러운 수학의 전수과정에서 유래한 것으로, 물질과 기술적 풍요로 다양한 비례의 조형물들이 넘쳐나는 현시대에서는 큰 의미를 두지 않아도 좋다. 4번의 경우 안정적인 느낌으로, 넓게 펼쳐져 있는 대자연의 풍광처럼 시원한 느낌을 줄 수 있다. 하지만 지나치게 길어지게 되면 조형적 균형을 맞추기가 힘들어지므로 개개인별로 적정한 비례를 찾아가는 것이 중요하다.

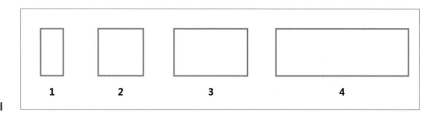

그림 8–31 **면의 다양한 비례**

그림 8-32는 면으로 디자인된 음식 사진들이다. 음식에 소스나 초밥 등을 면으로 표현하여 음식을 장식하였다.

그림 8–32 **면의 디자인된 음식**

NEW TABLE & FOOD COORDINATE

그림 8-33은 점과 선, 그리고 면을 기본으로 디자인한 다양한 음식들이다. 그리고 기본적인 디자인에서 나아가 점, 선, 면이 함께 디자인되어 만들어진 음식들도 주변에서 많이 살펴볼 수 있다.

그림 8–33 **점, 선, 면이 함께 디자인된 음식**

질감 texture

질감은 형태의 3요소에 모두 적용될 수 있다. 질감은 그 자체로 장식이 될 수도 있으며, 식재료의 신선도와 조리 상태, 조리법 등 다양한 정보를 전달할 수 있다.

그림 8-34처럼 질감을 통해서 재료의 신선도와 상태를 파악할 수 있다.

그림 8–34 **신선도를 표현한 질감**

그림 8-35처럼 조리법이 드러나기도 한다.

그림 8–35 **조리법을 표현한 질감**

그림 8-36처럼 다양한 무늬를 입혀 색다른 분위기를 연출할 수도 있다.

그림 8–36 **다양한 분위기를 표현한 질감**

푸드 디자인에서 접시 형태

요리사를 흔히 화가에 비유할 때 접시는 캔버스에, 식재료는 물감에 비교한다. 요리 디자인에서 접시 형태의 선택은 연출할 이미지 구도를 미리 설정하여 그

표 8-4
푸드 디자인에서 접시 형태

종류	사진	특징
원형접시		- 가장 기본적인 접시로 편안함과 고전적인 느낌 - 완전함, 부드러움, 친밀감으로 인해 진부한 느낌을 줄 수 있으나 테두리의 무늬와 색상에 따라 다양한 이미지 연출 - 색상, 담는 음식의 종류, 음식의 레이아웃에 따라 자유롭고, 고급스러우며, 안정된 이미지 연출
사각형 접시		- 모던함을 연출할 때 쓰이며, 황금분할에 기초를 둔 사각형이 많이 쓰임 - 안정감과 충실감이 있으며, 세련된 느낌과 함께 친근한 이미지 연출 - 원형 접시에 비해 안정감을 가지면서도 여러 가지 변화를 의도한 창의성이 강한 요리에 활용
삼각형 접시		- 이등변 삼각형이나 피라미드형 삼각형은 전통적인 구도 - 코믹한 분위기의 요리에 사용하며, 꽃꽂이나 고대 오리엔탈시대의 그림에 많이 사용 - 날카로움과 빠른 움직임을 느낄 수 있고, 자유로운 느낌의 요리 연출에 활용
역삼각형 접시		- 삼각형은 밑에 중심이 있는 것에 비해서 역삼각형은 반대로 앞이 좁아 날카로움과 속도감이 증가 - 먹는 사람을 향해 달려오는 것과 같은 효과 연출 - 강한 움직임의 이미지 연출
타원형 접시		- 원을 변화시킨 타원은 우아함, 여성적인 기품, 원만함 등을 표현 - 좌우의 비율을 변화시켜 섬세함과 우주적인 신비성을 표현 - 포근한 인상을 전해주는 등 이미지가 다양하므로 여러 가지로 연출
평행사변형 또는 마름모꼴 접시		- 사각형이 지닌 정돈된 느낌과 안정감에서 벗어나 선을 비스듬히 한 평행사변형은 쉽게 이미지가 변해서 움직임과 속도감을 표현 - 평면이면서도 입체적인 이미지 연출

이미지에 가장 잘 부합되는 기본 구도를 택하는 것이라 할 수 있다. 실제 요리를 담을 접시 형태는 원형, 사각형, 삼각형, 역삼각형, 타원형, 마름모형 등이 있으며, 이들 접시 형태는 먹는 사람에게 다양한 이미지를 제공한다.

표 8-5

푸드 디자인 이미지의 종류와 특징

종류	사진	특징
리듬 모양		- 접시 한가운데 일정하게 반복되는 규칙을 연출하여 템포가 빠른 음악처럼 리드미컬한 이미지 - 경쾌함, 코믹함, 명랑함 표현 - 식사 코스의 처음에 사용하여 가볍고 즐거운 분위기 연출
번개 모양		- 마름모꼴에서 발전된 형태로 번개 모양 하나하나가 연결되어 동적인 이미지를 연출 - 접시 위·아래로 다이내믹한 구성
소용돌이 모양		- 강조하고자 하는 요리의 중심을 향해 소용돌이를 그리는 구도 - 입체감과 불변환적인 움직임 - 코믹한 이미지로 과자 연출에 사용
바둑 모양		- 빛과 그림자, 명암 등 대립되는 것을 규칙적으로 반복 - 대립과 날카로운 이미지로 진취적이고 현대적인 이미지 - 체스의 서양적 이미지, 바둑의 동양적 이미지로 표현하여 한식과 양식 모두 활용 가능
물결 모양		- 물에 돌을 던질 때의 동심원 이미지 - 동심원의 중심에 포인트를 주고 원형 접시의 끝을 향해 몇 개의 원으로 표현 - 안정감, 조용한 움직임, 부드러운 아름다움 표현
방사 모양		- 물결 모양이 중심에서 바깥으로 향하는 데 반해 방사 모양은 바깥에서 중심으로 표현 - 동적이고 경쾌하며 중심이 강조 - 풍차 같은 리드미컬한 회전의 이미지 - 밖으로 향하는 힘과 회전하는 템포 사이의 균형을 표현한 구도

푸드 디자인에서 요리 형태^{form}의 의미

요리 디자인에서 캔버스 역할인 접시 형태는 평면성을 고려한 디자인이다. 이 평면적 형태의 캔버스와 조화롭게 연출된 요리들은 식사자에게 다양한 이미지를 전달해 준다. 푸드 디자인에서의 2차원적인 평면적 표현은 동양의 요리 형태에, 3차원적인 공간적 형태의 요리들은 서양 요리에서 많이 나타난다.

그릇 형태와 요리 형태의 관계

푸드 디자인에서 캔버스의 역할인 접시 형태와 물감의 역할인 요리의 여러 형태는 각각 다양한 의미를 표현한다. 평면의 형태에 이미지를 부여한 각 요리의 특징은 푸드 코디네이터의 개성과 독창성을 의미한다.

평면 형태의 종류			
삼각 형태		사각 형태	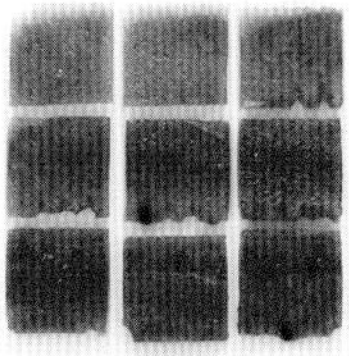
원 형태		마름모 형태	
타원 형태		역삼각 형태	
공간 형태의 종류			
타원 기둥		사각뿔	
반구		삼각 기둥	
사각 기둥		원기둥	

표 8-5

푸드 디자인 이미지의 종류와 특징

표 8-6 접시 형태와 요리 형태

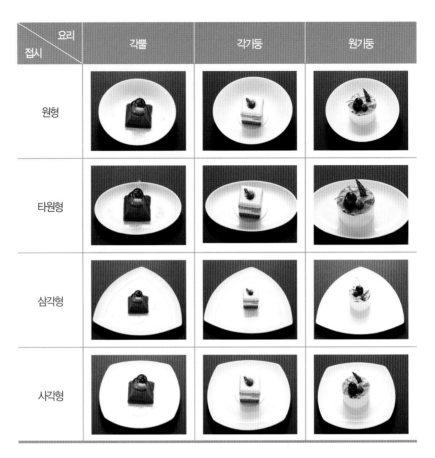

접시 \ 요리	각뿔	각기둥	원기둥
원형			
타원형			
삼각형			
사각형			

푸드 디자인의 구도

가장 좋고 편하게 느끼는 푸드 디자인의 구도는 형태를 잘 이해하여 사용하는 것이다. 그림을 감상할 때처럼 여러 형태의 구도는 요리 연출에 변화를 줌으로써 맛뿐만 아니라 시각과 후각 등 오감을 쉽게 충족시킬 수 있다.

푸드 디자인의 구도는 대칭적 요소와 비대칭적 요소로 나눌 수 있는데, 대칭적 요소는 좌우 대칭, 대축 대칭, 회전 대칭의 세 종류가 있다. 비대칭은 다양한 개성을 표현할 수 있다.

좌우 대칭

접시의 중심축에 거울을 비추어 보는 것 같이 대칭되는 것으로 많이 쓰이는 구도이다. 고급스러워서 대축 대칭보다 자유스럽고 동적인 느낌을 전하며 안정감이 느껴지거나 단순화되기 쉽다. 소재와 배열을 잘 고려하면 재미있고, 매력적인 요리가 될 수 있다.

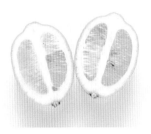

그림 8-37 **좌우 대칭**

대축 대칭

접시 중심에 좌우 균등한 십자가를 그려서 요리의 배분이 완전히 똑같은 것을 대축 대칭이라고 한다. 접시는 원형이 많으므로 대축 대칭으로 배치하기 쉽다. 가장 많이 사용되고 있는 구도이다. 중심축을 늘려가면 회전 대칭의 기본이 된다. 느껴지는 이미지는 통일에 의한 묵직한 안정감, 화려함, 높은 완성도를 나타낸다. 그러나 요리가 접시의 한 가운데 정지하고 있기 때문에, 새로운 이미지를 만들기란 어렵다. 클래식한 스타일의 푸드 디자인이다.

그림 8-38 **대축 대칭**

회전 대칭

회전 대칭은 대축 대칭과 비슷하지만 잘 관찰해 보면 엄격히 대칭은 아니다. 요리의 소재가 일정한 방향으로 회전하며 균형이 잡혀 있다. 대칭의 안정감, 차분한 가운데에서도 움직임과 리듬, 흐름을 느낄 수가 있다. 밝음과 즐거움이 있는 이미지이다. 끝까지 균형을 잘 맞추지 않으면 산만한 느낌을 줄 수 있다.

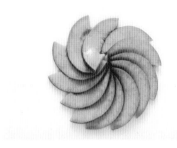

그림 8-39 **회전 대칭**

비대칭

중심축에 대해 양쪽 부분의 균형이 잡혀 있지 않은 것을 비대칭이라 한다. 비대칭이 나타내는 이미지는 변화, 역동, 움직임, 엄격한 약속을 완전히 깬 자유스러움, 새로움 등이 있다. 연출의 감성과 개성을 직접 느낄 수 있고, 대칭에 비해 독립되어 있으므로 각각의 요리 소재에 매력을 느끼게 한다. 새로운 창의적 요리나 고전적인 것을 시도해 보고 싶을 때 비대칭 구도가 사용된다. 단순히 양쪽의 분량을 다르게 한다고 해서 좋은 연출이 아니라 불균형 속에서의 균형이 중요하다.

그림 8-40 **비대칭**

푸드 디자인의 표현 방법

푸드 디자인에서 구도를 효과적으로 표현하기 위해서는 다음과 같은 사항을 몸에 익히도록 한다.

* 접시 장식에 식용할 수 없는 재료는 사용하지 않는다.
* 구도의 규칙에 기준을 둔다.
* 타인의 작품을 예로 하여 자신의 요리를 만든다.
* 타인의 작품을 통하여 새로운 각도로 평가한다.
* 숙달 후 새로운 것을 추구한다.
* 디자인이 요리의 맛이나 질에 영향을 주어서는 안 된다.
* 요리에서 질감을 최대한 살린다.
* 접시의 문양이나 색상은 요리의 외관을 결정짓는 중요한 요소이다.
* 요리가 화려하면 접시의 문양과 색상은 단순화한다.
* 요리가 차지하는 비율이 접시의 80%를 넘지 않는다.

그 밖에 소스 장식과 접시 장식은 서비스 시간을 고려하여 간단하고 쉽게 해야 한다. 이 외에도 푸드 코디네이터는 접시에 음식을 놓을 때 먼저 위치를 설정하고, 주재료와 부재료의 색을 조화시키며, 음식의 시각적 효과와 후각적 효과를 응용하여 음식 배열 등을 미리 계획한 후 요리의 디자인적인 구성을 충분히 고려하도록 한다.

NEW TABLE & FOOD COORDINATE

9 사진
이해

9 사진
이해

연출된 요리를 피사체에 담아내는 작업은 사진 전문가로서의 프로페셔널한 영역과 아마추어로서의 영역으로 나누어질 수 있다. 사진에 대한 전문적인 지식과 장비를 갖추어 예술로 표현하는 포토그래퍼에 비하여 아마추어라도 사진에 대한 기본적인 지식을 알고 촬영에 임한다면 보다 좋은 결과를 얻게 될 것이다.

1. 음식 사진의 종류

상품 광고 사진

특정 상품을 광고하기 위함이 촬영의 목적이다. 따라서 광고하고자 하는 피사체의 특징을 잘 파악하여 그 식감을 살리는 것이 중요하며, 이때 주변의 다른 소품이나 배경들은 피사체를 돋보이기 위한 것들을 적절히 선택하는 것이 좋다. 무엇보다도 광고하고자 하는 메뉴가 잘 돋보이도록 연출하는 것에 주안점을 두어 촬영해야 한다. 혹은 특정한 순간을 포착하여 표현하고자 하는 느낌을 극대화하는 방법도 선호된다.

그림 9-1 **상품 광고 사진**

잡지 사진

잡지의 가장 큰 특징은 계절감이다. 즉 어떤 계절의 몇 월호에 실리는 무슨 테마의 기사용 사진촬영인가에 따라 촬영의 목적이 정해진다고 할 수 있다. 도비라 사진의 촬영에 관한 의뢰도 빈번하다.

그림 9-2 **잡지 사진**

전단지 사진

전단지傳單紙는 광고나 선전을 목적으로 배포하는 낱장의 종이 인쇄물을 가리킨다. 간단한 인쇄물의 형태로, 리플릿leaflet이라고도 한다. 일반적으로 전단지란 홍보를 목적으로 만든 낱장의 종이지만, 여러 가지로 변형된 형태가 존재한다. 낱장의 종이로만 배포될 경우 받는 사람들이 그냥 쓰레기통에 버리는 경우가 비일비재하다는 단점 때문에 전단지 자체를 쿠폰화하는 방법을 사용하기도 한다.

전단지에 실릴 촬영을 할 때에는 전단지에 많은 정보가 함께 게재된다는 것을 염두에 두고 임해야 할 것이다. 일례로 식당 광고용 전단지를 만들기 위한 목적의 촬영이라면, 식당의 상호와 전화번호 및 주소, 약도, 대표 메뉴와 가격, 배달 가능의 유무, 오픈 시간과 클로징 시간의 안내 등 매우 많은 정보가 실려야 하므로 여백을 살려 레이아웃을 생각하며 촬영해야 한다.

그림 9–3 **전단지 사진**

2. 사진의 표현 방법

프레임

사진의 프레임은 기본적으로 정사각형과 직사각형으로 나눌 수 있으며 직사각형은 다시 가로프레임과 세로프레임으로 나눌 수 있다. 계획단계부터 프레

원본사진

가로 트리밍

세로 트리밍

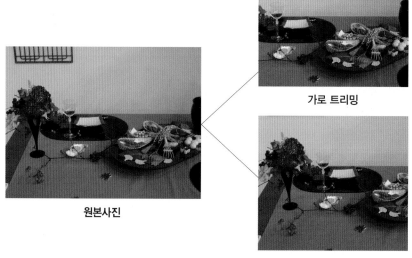

그림 9-4 **트리밍의 예**

원본사진

가로 트리밍

세로 트리밍

임을 정하고 연출하는 것이 바람직하나 경우에 따라서는 완성된 사진에서 원하는 부분만 자르는 트리밍^{trimming}을 이용하여 효과적인 사진을 얻을 수도 있다.

가로 프레임

안정적이며 내용을 많이 표현할 수 있어 설명적이나 한곳에 집중이 되기가 어려워 시선이 좌우로 분산될 수 있다. 테이블 세팅 연출이나 공간을 나타내는 주변의 상황을 연출해야 하는 사진에 효과적이다.

그림 9-5 **가로 프레임의 예**

세로 프레임

대부분의 잡지나 인쇄매체들이 주로 사용하는 프레임으로 높이나 원근감을 나타내기에 적당하다. 음식 사진에서 많이 사용하며 시선 집중을 유도할 수 있으나, 시야가 좁아지는 경향이 있다.

그림 9-6 **세로 프레임의 예**

렌즈

카메라의 렌즈는 종류가 다양하며 렌즈에 따라 다양한 효과를 얻을 수 있다.

표준 렌즈

인간의 시각과 가장 유사한 화각^{畵角}(피사체가 찍히는 각도의 범위)을 가진 렌즈이다. 필름 카메라 35mm에서는 50mm를 표준 렌즈라고 하며 자연스러운 사진을 얻을 수 있다.

광각 렌즈

초점거리가 짧고 화각이 넓은 렌즈로 어안^{魚眼}렌즈라고도 한다. 피사체와의 거리가 짧을 경우 이미지가 왜곡되는 경향이 있고, 배경의 불필요한 부분까지 사진에 나타나는 경우가 있어 음식 사진에서는 자주 활용하지 않으며 풍경 사진, 보도 사진 등에 주로 사용한다.

망원 렌즈

초점거리가 길고 화각이 좁은 렌즈로 음식이나 그릇의 왜곡을 줄이고, 보여주고자 하는 피사체를 확대하여 나타낼 수 있다. 또한 원하는 부분에 초점을 맞추고 다른 부분을 흐리게 나타내는 아웃포커스가 가능하여 음식을 촬영할 때 가장 많이 사용하는 렌즈이다.

그림 9-7

렌즈의 종류에 따른 효과

표준 렌즈   광각 렌즈   망원 렌즈

렌즈의 조리개와 피사계심도

렌즈의 조리개는 받아들이는 빛의 양을 조절하는 것으로 인간의 동공과 같은 역할을 한다. 조리개 값은 f로 나타내는데, 보통은 f2~f16까지 나타내며 f값이 작아질수록 카메라를 통해 들어오는 빛의 양은 많아진다. 즉 조리개를 열수록 들어오는 빛의 양이 많아져서 사진이 밝아지며, 조리개를 조일수록 빛의 양이 적어져서 사진이 어두워진다.

피사체 전후의 초점이 맞은 정도를 피사계 심도라고 하고, 피사계 심도를 결정하는 것은 렌즈의 초점거리, 촬영거리, 조리개의 조임 상태에 따른다. 피사계 심도는 앞쪽이 깊고 뒤쪽은 얕은 경우가 많으며, 이 경우 초점을 앞쪽에 맞추어 찍는 것이 요령이다.

표 9-1 **조리개와 피사계 심도**

조리개 값	f 2.0	f 2.8	f 4.0	f 5.6	f 8.0	f 11.0	f 16.0
조리개 모양	1/2	1/2.8	1/4.0	1/5.6	1/8.0	1/11.0	1/16.3
빛의 양	들어오는 빛의 양이 많아짐 ←			→ 들어오는 빛의 양이 적어짐			
셔터 스피드가 같을 경우	사진이 밝아짐 ←			→ 사진이 어두워짐			
피사계 심도	심도가 얕아짐 ←			→ 심도가 깊어짐			
포커스	아웃포커스 ←			→ 팬포커스			

아웃포커스

피사체의 초점이 맞은 부분은 선명하고 나머지 부분이 흐리게 나오도록 하는 효과로 이를 아웃포커스 또는 피사계 심도가 얕다고 표현한다. 주로 배경을 흐리게 하여 피사체에 시선을 집중시킬 때 많이 사용한다. 아웃포커스는 카메라 조리개의 f값이 작을수록 효과가 크며, 초점거리가 길수록, 피사체가 가까울수록, 피사체와 배경이 멀리 떨어져 있을 때 강하게 나타난다. 또한 f값이 낮을수록 아웃포커스가 강해진다. 접사촬영의 경우나 망원렌즈를 이용하여 촬영할 때 아웃포커스 효과를 나타내기 쉬워 음식 사진에서 많이 활용되고 있으며, 팬포커스의 반대 의미로 사용된다.

그림 9-8 **아웃포커스**

팬포커스

피사체 전후의 초점이 잘 맞아 사진이 전체적으로 선명하게 보이는 것을 팬포커스 또는 피사계 심도가 깊다고 하며 아웃포커스의 반대 의미로 불린다. 카메라 조리개의 f값이 클수록 효과가 크며 광각렌즈나 단초점렌즈를 이용하여 촬영하기도 한다. 정보용이나 이미지만 선택해서 사용하는 실루엣팅용으로 많이 이용한다. 실루엣팅^{silhouetting}은 원하는 부분만 오려서 사용하고자 할 때에 찍는 방법으로 현장에서는 누끼^{ぬき}라고도 한다.

그림 9-9 **팬포커스**

조명

음식 사진 촬영에는 태양광이 가장 좋으며, 실내 촬영에서는 조명을 사용하는 것이 효과적이다. 조명의 종류는 다양하며 같은 피사체일지라도 종류에 따라 다양한 사진을 연출할 수 있으므로, 촬영 상황에 따라 적절한 조명을 선택해야 한다.

조명 도구

사진 촬영을 위해 필요한 도구는 다양하며 텅스텐 조명이나 스트로보를 단독으로 사용하는 것 보다 빛을 고르게 분산시키는 소프트 박스나 트레이싱지를 이

표 9-2 **조명 도구의 종류**

종류	내용	사진
텅스텐 tungsten lamp	텅스텐을 필라멘트로 사용한 조명	
스트로보 strobo	스틸 카메라의 촬영에 쓰는 전자 플래시 스트로보스코프stroboscope 약어로 전기적인 순간 발광 조명 장치로 카메라의 촬영 속도와 같은 속도로 작동해야 하므로 동조기와 같이 사용	
엄브렐라 umbrella와 소프트박스 softbox	촬영 시 조명의 빛을 조절하기 위한 보조장치	
동조기 synchronizer	조명을 카메라에 직접 연결하지 않고 다른 곳에서 발광을 할 수 있게 연결해 주는 장치	
트레이싱지 tracing paper	조명이 트레이싱지를 통과하면 빛이 분산되어 부드러운 사진 촬영이 가능	
반사판 reflecting plat	빛의 반사를 이용하여 조명의 밝기를 조절해 주는 판	

용하여 부드럽게 표현하는 것이 효과적이다. 얇게 썬 음식, 빛을 투과시켜 신선함을 나타내야 하는 경우 조명이 비추는 반대편에 반사판을 이용하면 투명도를 높여줄 수 있으며, 높이가 있는 음식의 경우는 그림자를 줄여주는 효과를 얻을 수 있다. 반사판 대신 거울, 은박지 등의 보조도구를 이용하기도 한다.

그림 9-10 **소프트박스와 트레이싱지 이용 효과**

기본 조명 이용한 경우

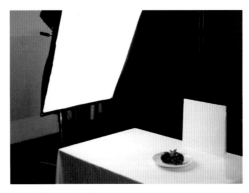

소프트박스를 이용한 경우

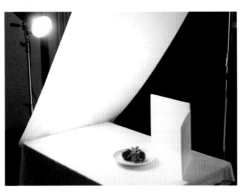

트레이싱지를 이용한 경우

그림 9-11 **보조도구 이용 효과**

기본 조명 이용한 경우

거울을 이용한 경우

은박지를 이용한 경우

조명의 위치

조명의 위치에 따라 사진의 표현이 다양해진다.

표9-3 **조명 위치에 따른 효과**

위치	내용	사진
정면광 front light	– 피사체의 정면에서 비추는 광선으로, 순광이라고도 함 – 피사체가 전체적으로 빛을 잘 받아 밝고 깨끗한 사진을 얻을 수 있고 그림자가 거의 없으나 밋밋한 경우가 많음	
측광 side light	– 피사체의 좌우 측면 90° 위치에서 비치는 빛으로 강한 그림자와 콘트라스트 연출이 가능 – 피사체의 선이나 질감, 전반적인 형태미, 입체감 강조 가능	
반역광 cross light	– 피사체의 좌우 측면보다 위쪽에서 사선으로 비추는 광선으로 사광plain light, 斜光이라고도 함 – 입체감을 나타낼 수 있어 음식 촬영에 가장 많이 이용 – 광원의 반대편에 그림자가 생기므로 반드시 반사판을 이용	
역광 back light	– 피사체의 뒷면에서 비추는 광선으로 음영효과가 극대화되어 실루엣이 강한 사진을 얻을 수 있음 – 투명 잔에 담긴 음료를 촬영할 경우 색감을 투명하게 연출할 수 있으며 강렬한 느낌을 연출할 수 있음	

NEW TABLE & FOOD COORDINATE

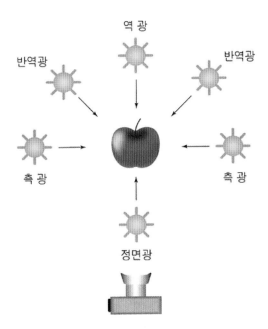

그림 9-12 **조명의 위치**

조명의 수

조명의 수는 많을수록 피사체를 밝게 나타내고, 그림자를 줄여줄 수 있으나 일 반적으로 음식 촬영에는 1~2개를 사용하는 경우가 많다.

one light

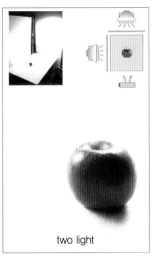

two light

three light

그림 9-13 **조명의 수에 따른 효과**

색온도와 화이트 밸런스 WB, white balance

색온도는 켈빈(K) 값으로 나타내며 색온도가 낮으면 사진이 붉은색을 많이 띠고, 색온도가 높으면 푸른색을 많이 나타낸다.

조명의 종류를 선택하여 최대한 자연광에 가까운 색상으로 촬영하기 위하여 화이트 밸런스라는 기능으로 색온도를 선택한다. 실내 촬영의 경우에 자연스러운 사진이 나오지 않는 이유는 백열등, 형광등과 같이 색온도가 다른 광선들이 섞여 정확한 화이트 밸런스를 맞추지 못하기 때문이다. 촬영할 때의 조명 조건에 따라 촬영 이미지의 색상이 서로 다를 수 있으므로 이 기능을 활용하면 조명 조건에 따라 자연스러운 색상의 이미지를 얻을 수 있다. AWB[auto white balance]는 카메라가 조명 조건에 따른 최적의 화이트 밸런스를 자동으로 선택해 주며 카메라는 기본적으로 태양에 맞추어져 있다.

그림 9-15는 같은 음식을 서로 다른 조명에서 촬영한 것이다. 촬영 카메라의

그림 9-14 **조명에 따른 색온도**

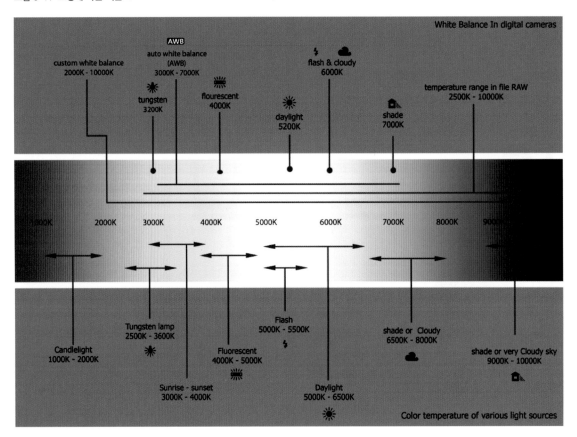

NEW TABLE & FOOD COORDINATE

기준 색온도는 인간의 눈과 같은 6000K로 맞추고 촬영한 것이다. 백열등으로 촬영한 사진은 백열등 자체의 노란색 때문에 전체적으로 노란색을 띄고 있고 따뜻하고 아늑한 느낌을 준다. 이 때문에 색온도 차트에서 난색을 띄는 촛불 (1000~2000K)이나 백열등(2000~3000K) 사이의 조명을 식공간에서 알게 모르게 많이 사용하고 있는 것이다. 반면, 4000~5000K의 색온도를 띄는 형광등은 그 색이 초록색이기 때문에 음식의 색상이 덜 매력적으로 보이게 된다. 기준이 되는 주광의 경우 가장 중성적인 색상이 나타나기 때문에 객관적이고 사실적인 느낌, 모던한 느낌을 주고 싶은 경우에 주로 쓰인다. 마지막으로 그늘진 곳의 빛은 파란색을 띄며, 색온도는 8000K 정도이다. 구름 낀 날이나 그늘진 곳의 경우, 대기 중에 퍼져 있는 수증기 등의 물 분자에 산란된 파란빛이 강조되어 전체적으로 푸른빛을 띄게 된다. 이러한 파란색은 음식을 차갑고 맛없게 보이게 하기 때문에 가급적 별도의 조명을 활용하여 촬영하거나 연출하는 것을 권한다.

백열등 (3000K)

형광등 (4000K)

주광 day light (6000K)

그늘 (8000K)

그림 9-15
조명의 종류에 따른 사진

앵글

사진을 찍을 때 촬영자의 카메라 각도에 따라 다양한 느낌의 사진을 얻을 수 있다. 정면을 중심으로 기본 앵글, 하이 앵글, 로우 앵글로 구분한다.

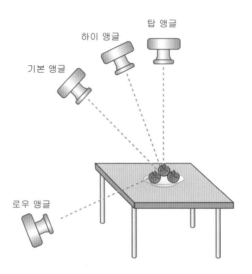

그림 9-16 **앵글의 종류**

기본 앵글 eye level

식탁에 앉아서 음식을 먹는 눈높이에서 촬영하는 것으로 기본이 45°이며, 아이 레벨eye level이라고도 한다. 이 앵글의 경우 음식 촬영 시 보편적으로 사용하며 편안한 느낌을 연출할 수 있으나 자칫 특색 없이 평범해 보일 수 있다. 기본 앵글을 기준으로 하이 앵글high angle과 로우 앵글low angle을 구분할 수 있다.

그림 9-17 **기본 앵글**

하이 앵글 high angle

높은 곳에서 내려다보고 촬영하는 것으로 음식 사진에 있어서는 높이가 높은 식기 안에 담긴 음식을 보여주거나 윗부분의 장식이 화려한 경우 많이 사용한다. 배경의 특징을 잘 활용하여 효과적인 사진을 얻을 수 있으나 입체감이 부족하다. 피사체와 90°각도로 찍는 경우를 탑 앵글^{top angle}이라고 한다.

그림 9-18 **하이 앵글**

그림 9-19 **탑 앵글**

로우 앵글 low angle

낮은 곳에서 위를 올려보고 촬영하는 것으로 주제를 강조할 수 있으며 주로 음료 촬영에 이용한다.

그림 9-20 **로우 앵글**

NEW TABLE & FOOD COORDINATE

3. 구도

구도는 화면 구성의 방법으로 같은 피사체를 찍더라도 구도에 따라 사진이 주는 느낌은 상당히 달라진다. 좋은 구도로 사진을 찍기 위해서는 많이 찍어 보면서 자신이 감각을 길러 보는 것이 중요하다.

황금비례 구도

황금비례는 가로 세로의 비율이 1:1.618로 이루어지며, 이 비례로 사진을 찍으면 균형 있고 아름다운 구도를 얻을 수 있다. 황금비례에서 구도는 각각의 꼭짓점에서 마주보는 점을 연결하여 대각선을 긋고 그 대각선에서 수직으로 선을 그으면 A, B, C, D 4개의 점을 얻을 수 있다. 피사체를 이 점들에 배치하면 안정적이고 균형 있는 사진을 얻을 수 있다.

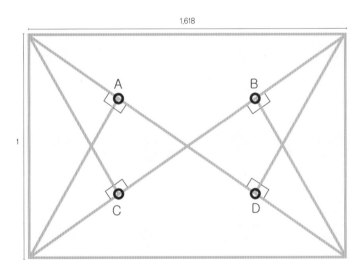

그림 9-21 **황금비례 구도**

그림 9-22
황금분할 구도를 활용한 사진

3분할 구도

가로와 세로를 3분할하여 피사체나 풍경의 주제를 교차되는 A, B, C, D 점이나 분할선에 배치시키는 것으로, 균형감이 잡힌 사진을 얻을 수 있다. 피사체를 중심에 배치시킬 때 나타나는 밋밋함을 없애고, 좌우대칭으로 피사체의 주의가 분산되는 것을 방지할 수 있다. 수평분할의 경우 안정감, 고요함, 정돈됨을 나타낼 수 있으며, 수직분할의 경우는 역동감, 극적인 느낌, 강렬함을 나타낼 수 있다.

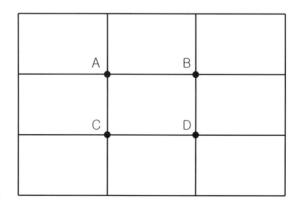

그림 9-23 **3분할 구도**

그림 9-24
3분할 구도를 활용한 사진

삼각형 구도

안정감 있고 깊이 있는 느낌을 주며 통일감, 균형감을 표현할 수 있는 구도로 음식 촬영에서 많이 이용되고 있다. 자칫 단조로울 수 있으므로 색상의 대비나 배경과 피사체의 질감 차이를 이용하면 좋은 사진을 얻을 수 있다.

그림 9-25
삼각형 구도를 활용한 사진

대각선 구도

화면 밖으로 계속 직진하는 듯한 움직임이 느껴지는 구도로, 활동적이고 원근감 극대화시킬 수 있다. 음식 사진에서는 직사각형의 식기나 젓가락, 커틀러리를 대각선으로 배치시키거나 2~3개의 식기를 대각선으로 배열하여 구도의 효과를 활용할 수 있다.

그림 9–26
대각선 구도를 활용한 사진

4. 사진 용어

사진의 시각적 또는 그래픽적 요소를 설명할 때에 쓸 수 있는 용어이다.

실루엣 silhouette

전체적인 윤곽선과 라인으로 밝은 배경에 매우 어두운 피사체가 표현되는 사진을 말한다.

콘트라스트 contrast

밝고 어둠의 차이로 콘트라스트가 크다는 것은 밝은 부분과 어두운 부분의 차이가 큰 것을 말한다. 플랫^{flat}하다는 것은 평평해 보이는 것을 말한다.

베다 べだ

요리 작품 밑의 바닥에 까는 배경을 말한다. 기본적으로는 종이나 천 등을 사용하며 아크릴, 타일, 나무판 등 다양한 배경을 가진다.

누끼 ぬき

원하는 부분만을 오려서 사용하고자 할 때 찍는 방법이다.

누끼 전 사진

누끼 후 사진

그림 9-27 **누끼 효과**

도비라 とびら

표지 사진이나 이미지컷image cut인 속표지를 말하며 주로 새로운 내용이 전개되는 부분에 사용된다.

그림 9-28 **도비라 사진**

레이아웃 layout

배열이나 구성을 말한다.

박스 컷 box cut

제품과 배경이 함께 쓰일 필름 촬영에 사용되며 찍은 필름 그대로 사용하는 것을 말한다.

색분해 color separation

인쇄 직전의 단계로 스캔받은 색을 분해하는 것이다.

그라데이션 gradation

밝은 곳에서 어두운 부분으로 점차 옮겨가는 상태를 말한다.

노출보정 EV expo value

대부분 밝은 사진을 어둡게 하고 싶을 때에 사용한다.

하레이션

사진에서 하얗게 나오는 부분을 이야기하며 밝은 부분^{high light}은 요리에 생동감을 살려준다. 하지만 국물 요리에서는 반사되어 속의 내용물이 보이지 않으므로 하레이션을 피해야 하고, 고기는 윤기가 나도록 하레이션을 이용해야 한다. 칼이나 포크 등의 금속성 물질은 반사를 주어 하얗게 표현한다.

내용물이 잘보임

내용물이 잘 보이지 않음

윤기가 없음

윤기 있음

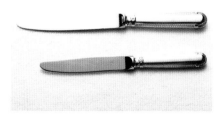

금속성 물질의 촬영 결과

사진을 잘 찍기 위한 기본 길잡이

* 카메라를 항상 휴대하라.

* 여분의 배터리와 충전기를 항상 지참하라.

* 자신의 카메라 기능을 철저히 파악하라.

* 삼각대를 활용하라.

* 적절한 조명은 사진을 다르게 한다.

* 정확한 노출을 찾아내라.

* 꾸준히 촬영하라.

* 용도에 맞게 촬영하라.

* 많이 찍고 사진 전시회에 자주 가라.

* 대상을 철저히 관찰하라.

* 프로 의식을 가져라.

* 촬영 전 사전 준비를 철저히 하라.

* 카메라와 렌즈를 적절히 선택하라.

* 빛과 그림자의 변화를 읽어라.

* 카메라 앵글의 특성을 파악하라.

* 필터를 적절히 사용하라.

* 자신의 느낌을 소중히 여겨라.

* 사진의 또 다른 세계인 클로즈업을 배워라.

* 프레임fram을 잘 선택하라.

* 도전하는 정신을 가져라.

* 사진의 각도에 따라 음식이 담기는 위치와 높이는 달라져야 한다.

* 앞에 놓이는 소품이나 음식은 되도록 작은 크기로 놓는다.

* 국물이 있는 음식은 촬영 직전에 국물을 부어 준다.

* 베다는 구겨짐이 없이 잘 다려야 사진에서 깔끔하게 연출할 수 있다.

* 허브, 포인트 양념 등은 찍기 직전에 올려 생생함을 연출한다.

NEW TABLE & FOOD COORDINATE

10 푸드 스타일링
도구 및 기법

10 푸드 스타일링 도구 및 기법

인쇄와 광고 매체의 음식 사진은 시각적인 면이 강조되어야 한다. 그러나 일반적인 조리법으로 시즐^{sizzle}감이 잘 나타난 음식을 연출하기에는 어려움이 따른다. 따라서 촬영을 위한 특별한 기법이 있어야 한다.

이번 장에서는 음식을 최대한으로 맛있어 보이도록 연출하기 위해 사용되고 있는 방법들에 대하여 알아보고자 한다

1. 스타일링을 위한 기본 도구

사진에서 음식을 돋보이도록 하기 위해서는 일반 조리도구 외에 섬세한 연출을
위한 도구들이 있다. 여기서는 시각적 표현을 효과적으로 나타내는데 필요한
도구 및 사용방법에 대해서 다루고자 한다.

도구 박스

촬영에 필요한 기본 도구를 넣기 위한 상자로 휴대가 용이하고, 잘 깨지지 않는
재질이며 여러 개의 공간으로 구분되어 있는 것이 사용하기 편리하다. 다양한
종류의 작은 칼이나 가위, 집게 등 좁고 길게 생긴 도구들은 천을 이용해 케이
스를 만들어 사용하면 휴대하기 좋다.

그림 10-1 **스타일링을 위한 도구**

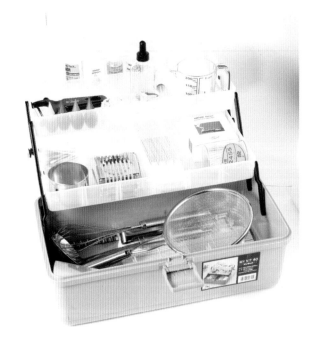

그림 10-2
스타일링을 위한 도구 박스

NEW TABLE & FOOD COORDINATE

소도구

측정용 도구

가루나 액체 식품 등을 계량하기 위한 계량스푼과 컵이 필요하다. 정확하고 효율적인 조리를 위해서는 타이머·온도계가 있어야 하고, 길이나 크기를 측정하기 위해서는 자와 줄자 등이 필요하다.

그림 10-3 **측정용 도구**(계량컵, 타이머, 자, 줄자, 온도계, 계량스푼)

조리도구

패링 나이프 paring knife

일반적인 칼보다 길이가 짧으며 칼날이 얇고 뾰족해서 야채나 과일의 모양을 낼 때 사용한다.

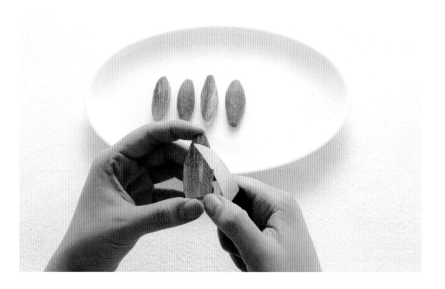

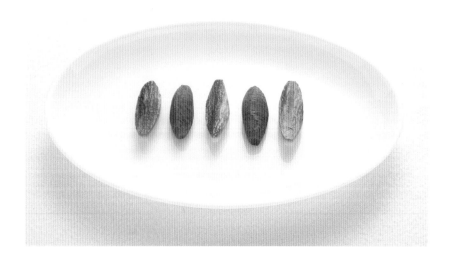

작은 가위 small scissor

재료를 작게 오려 내거나 섬세한 부
  분을 정리할 때 사용된다.

필러 peeler

야채나 과일의 껍질을 벗기는데 주로 사용되며 과육이나 야채를 얇게 저며 고운 채를 썰기에 편리하다. 오이를 필러로 얇게 저민 후 다른 재료를 돌려 감아 연출할 때 이용되기도 한다.

볼러 baller

메론이나 수박 등의 과일을 동그랗게 떠 낼 때 사용하는 도구로 크기와 모양이 다양하다. 다양한 크기로 떠낸 과일이나 야채의 리듬감 있는 연출에 효과적이다.

제스터 zester

레몬이나 오렌지의 껍질을 가늘고 적당
한 웨이브가 생기도록 벗겨내어 가니시
로 이용하기 쉬우며 데커레이션 효과를
좋게 한다.

붓 brush

음식의 표면에 색을 내거나, 윤기를 내
기 위해 기름을 바를 때 사용된다.

고운 체 sieve

맑은 국물을 연출하기 위해 국물의 불순물이나 찌꺼기를 걸러내는데 사용되며, 파우더 슈가 같은 고운 가루를 뿌릴 때도 많이 이용된다.

표 10-1 **섬세 연출을 위한 도구**

품명	용도	사진
면봉	– 이물질이나 음식물이 원하지 않는 곳에 묻어있을 경우 닦아낼 때 사용	
핀셋	– 작은 식재료나 소품의 위치를 옮기거나 섬세한 연출을 위해 사용된다.	
깔때기	– 국물이나 음료를 부을 때 이용하면 용기의 벽면에 묻히지 않고 바닥에도 흘리지 않아 편리하게 이용 가능	
패스트리백	– 제과 · 제빵 데커레이션을 할 경우 생크림이나 초코 등을 넣어 이용하며, 앞에 모양 깍지를 끼우면 다양한 모양의 연출이 가능	
일회용 주사기/ 스포이드	– 소스를 군데군데 뿌려주거나 자연스럽게 흘러내리는 연출을 할 때 용이하며, 음료나 액체의 미세한 양을 조절할 때 많이 이용	
분무기	– 음료의 캔, 음료 글라스, 과일, 야채 등의 물방울 효과로 신선함과 싱싱함을 연출하기 위해 사용	

(계속)

품명	용도	사진
실/바늘	– 국수를 삶을 때 끝부분을 실로 묶어서 삶으면 가지런한 모양을 잡기 편리하며, 닭고기의 내장을 빼내고 난 부분이나 껍질을 팽팽하게 연출할 경우 바늘로 꿰매면 효과적	
낚시줄	– 재료를 매달아 연출하거나 묶을 경우 투명한 낚싯줄을 이용하면 사진상 나타나지 않으므로 많이 이용	
스쿱	– 아이스크림이나 샐러드 등을 뜰 때 사용하면 표면에 자연스러운 컬이 연출되어 효과적	
순간 접착제/ 양면 테이프	– 재료를 붙여서 모양내거나 고정시킬 때 사용	
이쑤시개/ 대나무 꼬지	– 채소나 과일을 고정시킬 때 사용하거나 미세한 부분을 연출할 때 나무 젓가락을 대신해서 사용	
그릴용 쇠막대	– 스테이크를 구운 표면을 연출할 때 쇠막대를 달군 다음 모양을 잡으면 자연스럽고 효과적	
빨대	– 액체의 분량을 조절하거나 연기 연출을 할 경우 담배 연기를 뿜어낼 때 사용	
스페튤러	– 케이크 데커레이션에 많이 이용되며, 작은 스페튤러는 버터 바른 빵을 연출하기에 적당	

(계속)

NEW TABLE & FOOD COORDINATE

품명	용도	사진
캐러멜 색소	– 적은 양으로 음식의 갈색을 효과적으로 낼 수 있으며, 설탕으로 캐러멜 시럽을 만드는 시간을 줄여줌	
물엿	– 음식의 윤기를 더해주고 소스 등의 농도를 조절하는데 도움을 줌	
글리세린	– 물과 1:1로 섞어 스프레이하면 자연스러운 물방울을 연출할 수 있어 음료나 과일, 채소 등에 청량감을 더함	
식용 색소	– 식재료의 색을 보완하여 선명한 음식의 색연출이 가능 – 음료의 색, 전류의 달걀 노른자 색 보완 등 다양하게 사용	
젤라틴	– 뜨거운 물에 녹여 간단하게 사용할 수 있으며 음식표면이 마르는 것을 막아주고 윤기를 더해줌	
오일	– 촬영 전 굽거나 튀긴 음식의 표면에 오일을 바르면 갓 조리한 것과 같은 윤기와 투명감이 더해짐 – 고슬고슬하게 지어진 밥을 연출할 경우는 베이비 오일 같이 투명한 오일을 사용하는 것이 효과적	
전분	– 물과 1:1로 섞어 녹말물을 만들어 소스나 국에 넣어주면 농도 조절이 가능하며, 음식에 윤기를 더해줌 – 달걀 지단을 부칠 경우도 녹말물을 적당량 넣어주면 매끈하게 만들 수 있음	
커피	– 인스턴트 커피에 소량의 물을 첨가해서 빵에 바르면 먹음직스럽게 구워진 상태 연출이 가능	

촬영을 위한 도구

배경 back ground

그릇에 담겨진 음식의 색감을 더해주고 전체적인 분위기를 연출하기 위해 나무
잎, 천, 종이, 타일 등 다양한 재료가 사용된다. 베다라고도 한다.

물방울 효과 drop effect

촬영시 뜨거운 조명 아래서도 마르지 않아 신선한 과일이나 야채, 음료 연출에
효과적이며 주사 바늘이나 이쑤시개를 이용해서 찍어 발라 섬세하게 연출한다.

투명얼음 crystal ice cube effect

실제 얼음처럼 투명하게 생겼으며 녹지 않아 얼음이 필요한 위스키나 음료 촬영시 효과적이다.

실제 얼음

투명 얼음

연기효과 fog effect

뜨거운 음식에서 모락모락 피어오르는 연기를 연출할 수 있다. 두 가지 용액을 붙여 놓으면 몇 분간 연기가 지속된다. 섞거나 덧바르면 효과가 없으니 주의한다.

거품효과 foam effect

실제 맥주거품은 따라 놓으면 쉽게 가라앉으나 인공적으로 만든 거품은 오래도록 맥주의 신선하고 풍부한 거품을 연출할 수 있도록 해 준다. 두 가지 용액을 섞으면 거품이 발생한다.

일반 맥주 거품

인조 맥주 거품

NEW TABLE & FOOD COORDINATE

얼음 알갱이 효과 ice effect

분말 형태로 되어 있으며 15분 정도 물에 불리면 자잘한 얼음 알갱이가 만들어져 팥빙수나 신선한 생선, 어패류를 연출할 때 사용된다.

한 번 만들면 4시간 정도 효과가 지속되며 색이 있는 물에서 불리면 컬러풀한 얼음 알갱이를 만들 수 있다.

인조 눈 snow effect

고운 눈 형태로 팥빙수를 연출할 때 조명 아래서도 녹지 않아 효율적으로 연출이 가능하다.

2. 푸드 스타일링 기법

일반적으로 먹는 음식과는 달리 사진 촬영에서 먹음직스러운 요리를 연출하기 위해서는 다양한 기법이 요구된다. 전문 코디네이터들이 사용하는 방법을 몇 가지 소개한다.

신선한 과일 연출

토마토

촬영시 표면에 글리세린을 바르고 물을 스프레이하면 물방울이 맺힌 효과를 연출하여 신선함을 느끼게 할 수 있다.

포도 · 딸기

씻는 과정에서 물러질 위험이 있으므로 씻지 말고 이물질만 제거한 후 글리세린과 물을 동량으로 섞어 스프레이하면 신선함을 연출하는데 효과적이다.

오렌지

선명한 색으로 원형에 가까운 것이 좋으며, 잘라서 단면을 연출할 경우에는 씨가 들어있지 않는 것을 선택하는 것이 좋다.

아보카도

너무 익은 것은 물러서 잘랐을 때 모양이 일그러지기 쉬우므로 적당히 익은 것이 좋다. 잘라 두면 쉽게 색이 변하므로 레몬주스를 살짝 발라 변색을 막아준다.

과일 변색 방지

과일은 공기 중에 두면 산화되어 갈변현상이 일어난다. 이를 최대한 막아주기 위해서는 레몬주스를 약간 섞은 물(물 2C+$\frac{1}{2}$ts)에 담갔다가 꺼내어 촬영하면 이를 막을 수 있다. 대표적으로 바나나, 아보카도, 사과, 배 등에 많이 이용된다.

면류 연출

파스타 연출

1. 파스타는 평소보다 조금 덜 익힌 후 기름에 볶아둔다.
2. 포크로 돌돌 말아 모양을 잡은 후 그릇의 중앙에 소복이 담는다.
3. 파스타 면의 중간 중간에 야채들을 꽂아 모양을 잡아준다.
4. 파스타 소스는 숟가락으로 2~3회 반복하여 뿌린 후 스포이드로 중간 중간 흐르도록 뿌린다.
5. 완성된 파스타가 소복하고 풍성하게 보이도록 파스타 밑에 종이타월을 깔기도 한다.

라면 연출

1. 라면을 70~80% 삶은 후 건져 얼음물에 담갔다 건져내거나 삶을 때 식초를 넣어 탄력 있는 면발이 되도록 한다.
2. 면을 보기 좋게 그릇에 담고 위에 각종 야채와 달걀로 장식한다.
3. 국물은 수프를 넣고 끓인 다음 면보를 깔아 둔 고운체에 걸러 건더기를 제거한 후 깔때기를 이용하여 조심스럽게 부어준다.
4. 차가운 그릇과 면에 팔팔 끓는 국물을 부어주면 자연스런 연기가 오래 지속된다.
5. 국물이 끓고 있는 장면은 납작하고 넓은 팬에 생라면을 부셔서 넣고 위에 고명을 올려 끓는 부분만 집중적으로 찍는다.

면 삶아 얼음물에 담기   육수 만들기

국수 연출

1. 면을 실로 직경이 약 1.5cm가 되도록 묶어서 삶는다. 삶을 때 서로 달라붙지 않도록 젓가락으로 잘 저어 준다.

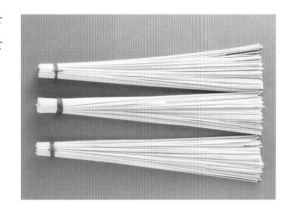

국수 실로 묶기

2. 삶은 후 찬물에 담가 잘 헹궈 가지런히 준비한다.
3. 그릇에 면을 깔끔하게 정리하여 돌려 담는다.

국수 똬리 만들기

4. 육수는 맑은 물에 간장을 이용하여 색을 조절한다.

육수 만들기

5. 고명을 면 위에 가지런히 얹는다.

6. 국수에 육수를 조심스럽게 부어 면이 흐트러지지
   않도록 한다.

7. 비빔국수의 경우 고추장 소스는 물엿을 넣어 윤기
   나도록 준비하고, 야채는 얼음물에 담갔다가 건져
   싱싱하게 연출한다.

일반 고추장

물엿 고추장

우동 연출

1. 면은 삶아 건진 후 체에 받쳐 수분만 살짝 없애고 그릇에 놓으면 찰기가 있어 형태가 그대로 유지된다.

2. 고명으로 어묵과 쑥갓이 주로 사용되는데, 쑥갓은 어리고 예쁜 잎을 따서 청고추 링을 만들어 끼운 후 자연스럽게 장식해 주는 방법도 있다.

3. 뜨거운 국물을 그릇 뒷부분에서 깔때기를 이용해 조심스럽게 부어준다.

4. 해물우동의 경우 해물은 데쳐서 사용하고, 이쑤시개를 사용해서 우동 면사이에 꽂아 자리를 잡는다.

5. 튀김우동은 튀김 뒤에 키친 타월을 받치거나 면과 닿는 부분의 튀김을 가위로 잘라내 수분 흡수를 줄여 주어야 붙지 않고 바삭하게 연출된다.

6. 버섯우동은 버섯을 데쳐서 사용하면 흐물흐물해지고, 생것을 사용하면 너무 티가 나므로 버섯을 끓는 물에 살짝 넣었다 뺀 후 찬물에 담갔다 사용한다.

7. 김치우동은 김치를 송송 썰어서 모양을 만든 다음 얹어주고, 고춧가루 느낌이 많은 것보다는 맑은 상태로 연출하는 것이 자연스럽다. 따라서 김치를 한 번 씻은 다음 고추물을 살짝 발라서 사용한다.

아이스크림 연출

1. 볼에 분량의 파우더 슈가, 마가린, 콘시럽(초코, 딸기 시럽)을 볼에 넣어 손으로 섞어준다. 부드럽고 점성이 없어질 때까지 반죽을 하고, 반죽이 물러졌을 경우에는 파우더 슈가를 조금 더 첨가하면 모양 잡기가 쉬워진다.
2. 촬영 하루 전날 만들어 상온에 두어야 반죽이 부드러워져 연출하기 쉽다.
3. 반죽을 하나의 덩어리로 만든 다음, 스쿱을 사용해서 아이스크림 모양으로 떠준다.
4. 여분의 반죽으로 아이스크림의 표면과 옆면에 자연스러운 텍스쳐를 연출해 준다.
5. 콘이나 준비한 그릇 위에 아이스크림을 보기 좋게 담는다. 콘에 아이스크림을 담을 때는 오아시스에 각도를 맞춰 꽂아서 연출한다.

6. 아이스크림이 자연스럽게 녹은 느낌이 나도록 하려면 솔에 약간의 물을 묻혀 칠해준다.
7. 시판용 아이스크림을 그대로 사용할 경우는 먼저 아이스크림 뚜껑을 열고 표면을 평평하게 만든 후 수저를 이용하여 물결모양을 만든 다음 스쿱으로 떠서 연출한다.

표 10-2 **인조 아이스크림 레서피**

재료	분량
파우더 슈거	500g
마가린	100g
콘시럽(초코, 딸기 시럽)	1/3C
연출재료	민트잎, 체리(빨강, 초록), 아이스크림 콘, 아몬드 슬라이스, 코코아 가루, 웨하스, 초코 칩, 레인보우 칩 등
연출도구	스쿱, 오아시스, 이쑤시개

NEW TABLE & FOOD COORDINATE

재료 섞기   반죽하기

모양 만들기   텍스쳐 연출

햄버거 연출

1. 빵 표면에 참깨가 너무 적으면 순간접착제를 이용해 빵에 참깨를 붙이고, 너무 많은 경우는 제거하기도 한다. 그리고 빵은 가운데를 칼로 가른 후 가장자리를 가위로 깨끗하게 정리한다.

2. 완성된 고기의 크기가 빵의 크기와 같아야 하므로 고기 패티를 빵보다 크게 만든다. 이때 고기는 많이 치댈수록 표면이 매끄러워진다. 고기는 먼저 옆면을 동그랗고 평평하게 프라이팬에 돌려가며 익힌 후 앞뒷면을 익혀주고 뜨거울 때 그 모양대로 랩으로 싸 두어 모양이 변하지 않도록 한다.

3. 양상추나 다른 야채들은 색이 너무 연하거나 진한 것은 피하고 컬이 많은 부분을 잘라 이쑤시개를 이용하여 빵에 고정시킨다. 야채를 많이 겹쳐서 구불구불한 느낌이 나게 연출하는 것이 부피감을 준다.

4. 치즈가 고기의 열에 의해 살짝 녹은 것을 연출하기 위해서는 치즈의 모서리를 뜨거운 물에 한번 담갔다 꺼낸다.

5. 토마토는 붉은 색을 띠면서 탱탱한 것으로 선택하여, 일정한 굵기의 둥근 모양으로 슬라이스 한다. 자른 토마토에서 물기가 나와 치즈의 모양이 망가질 우려가 있으므로, 토마토 크기로 키친 타월을 미리 잘라 치즈와 토마토 사

NEW TABLE & FOOD COORDINATE

이에 깔아 준다. 토마토가 햄버거 빵보다 크기가 작을 경우는 토마토 지름의 한쪽을 살짝 잘라 빵 크기만큼 벌려준다(양파도 마찬가지 방법을 이용).

6. 재료들을 차례대로 쌓은 다음에는 고기 옆면에 기름칠을 해 주고, 케첩이나 머스터드 소스를 스포이드나 일회용 주사기를 이용해 살짝 묻혀 흐르는 느낌이 나도록 연출한다.

빵에 깨 붙이기

패티 굽기

야채 깔기

치즈 녹이기

토마토 얹기

소스 바르기

밥류 연출

공기밥

1. 밥을 그릇에 담아 연출할 경우 밥알이 뭉치는 것을 방지하기 위해 꼬챙이로 중간 중간 찔러주어 공기가 들어가도록 한다.
2. 밥솥에서 고슬고슬하게 지어진 밥을 연출할 때는 찹쌀을 섞어서 밥을 하며, 베이비 오일(3~4인분, 1ts)을 넣어 조리하면 밥에 윤기가 흐른다.
3. 클로즈업해서 찍을 경우는 밥알이 살아있는 느낌이 들도록 연출해 주는 것이 중요하며, 이를 위해 쌀눈이 없도록 깔끔하게 도정된 쌀을 사용한다.

기타 밥류

1. 솥밥은 재료를 넣어 밥을 지은 후 윗부분에 색이 퇴색한 재료는 선명한 것으로 교체하여 준다.
2. 비빔밥은 나물의 두께를 일정하게 하고 대칭으로 색의 배합을 신경써서 가지런히 담아준다. 이때 나물이 밥을 다 덮는 것보다는 밥이 살짝 보이면서 고명이 올라간 것이 더 먹음직스러워 보인다.
3. 볶음밥의 야채는 정갈하고 반듯하게 썰고, 밥과 야채를 따로 볶아 밥에 야채를 심어주듯이 연출한다.
4. 덮밥의 소스는 농도가 필요하므로 녹말물을 이용한다.
   야채는 생것을 준비하고 소스를 아주 뜨겁게 준비해서 뿌려주면 야채색이 생생하게 연출된다. 소스는 식으면 막이 생기므로 내용물을 먼저 연출한 후 찍기 전에 뿌려 준다.

볶음밥

죽 · 수프 연출

1. 죽이나 수프는 표면이 말라 막이 생기기 쉬우므로 그릇에 7부 정도만 담은 후 촬영 위치를 먼저 잡아 둔다.

2. 촬영 직전에 죽이나 수프에 물을 타서 표면에 숟가락으로 조심스럽게 끼얹어 원하는 분량만큼 채워주면 촉촉한 느낌을 연출할 수 있다.

피자 연출

1. 피자는 한 조각을 들었을 때 치즈가 실처럼 늘어져 있는 장면을 연출하는 경우가 대부분이다. 이를 위해서는 굽자마자 바로 사진을 찍는 것이 중요하다.

2. 우선 피자 도우의 한 조각을 삼각으로 잘라낸다.

3. 피자의 한 조각을 들었을 때 치즈가 강조되도록 하기 위해 피자의 조각난 부분에 의도적으로 많은 양의 치즈를 얹어 준다.

4. 토핑 재료 중 색이 가장 빨리 변하는 것을 제일 나중에 올려 주거나, 오븐에서 구워낸 후 피망이나 페페로니를 빼고 다시 새 것으로 교체하여 남은 열로 충분히 익은 느낌이 나도록 한다.

5. 버섯은 생것으로 살짝 구워 기름을 바른 후 토핑한다.

6. 토핑 재료는 실제 제품보다 충분히 올려 연출해야 먹음직스러워 보인다.

7. 피자를 오븐에서 살짝 색이 나도록 구운 다음 토치(torch, 휴대용 가스 불꽃)를 이용하여 피자 위에 강한 열을 가해주면 보기 좋은 색을 연출할 수 있다.

8. 익힌 피자를 피자 판에 놓고 삼각 스페츌러를 이용하여 잘라놓은 부분을 천천히 들어 올리면 녹은 치즈 부분이 자연스럽게 연출된다.

피자 도우 자르기

치즈 얹기

토핑하기

김치 연출

1. 배추는 잘랐을 때 단면이 고르고 촘촘한 것으로 선택한다.
2. 김치 양념은 고운 태양초 고춧가루에 뜨거운 물과 물엿을 넣고 섞어서 촬영 때마다 덧발라준다.
3. 무채, 실파, 미나리는 따로 채썰어 양념한 후 김치 위에 살살 꽂아서 고명으로 연출한다.
4. 숨쉬는 김치의 연출은 길쭉한 고무풍선 등을 사용해서 옆에서 공기를 넣어준다.

배추 김치   깍두기

보쌈 김치   동치미

달걀프라이 연출

1. 달걀은 노른자가 중앙에 가도록
   하는 것이 중요하므로 다른 그릇
   에 미리 깨어 준비한다.

일반 달걀 프라이

2. 충분한 양의 기름을 프라이팬에
   붓고 기름이 데워지면 달걀을 조
   심스럽게 부어 익힌다. 이때 기름
   의 온도가 너무 높지 않도록 주의
   한다.

기름 끼얹어 익히기

3. 흰자 위에 데워진 기름을 끼얹어
   주면서 익힌다.

완성

연기 연출

일반 연기

1. 음식에 연기나는 장면을 연출하기 위해서는 뒷배경을 어둡게 하는 것이 효과적이다.

담배연기

2. 음식 뒤에서 스티머를 들고 연기를 흘려 주거나 담배연기(담배연기를 흡인한 후 머금은 것)를 빨대를 통해 음식 위에 뿜어 주기도 한다. 그리고 화학적 반응을 이용한 약품도 사용한다.

약품 사용

3. 최근에는 컴퓨터 그래픽^{CG} 작업을 하는 경우도 많다.

음료 연출

일반 음료

1. 글라스에 이물질이나 지문이 없도록 깨끗이 씻어 준다.
2. 글라스에 자동차용 왁스를 스펀지에 묻혀 컵에 살짝 바른 후 닦아내고 글리세린을 물과 1:1로 섞어 스프레이해서 물방울 연출을 한다. 이때 글라스에 글리세린이 들어가지 않도록 키친 타월로 입구를 막아준다. 또한 글라스를 차게 해서 준비하면 물방울을 잘 표현할 수 있다.
3. 음료는 카메라의 반대 방향에서 조심스럽게 채워 준다.
4. 음료의 색은 포스터 물감을 사용하여 색감을 좋게 하기도 한다.

알코올 음료

1. 위스키의 경우는 촬영 전에 불 위에 올려 살짝 데워주면 알코올 성분이 글라스에 퍼지는 것을 막아 색이 선명해진다.
2. 촬영용 맥주는 미리 공기를 빼두었다가 촬영시 거품이 생기지 않도록 깔때기로 조금씩 천천히 글라스에 따라 준다.

잔에 따르면서 생긴 필요 없는 거품은 조심해서 걷어내고 약품을 이용해 만든 거품은 주사기를 이용해 필요한 두께가 되도록 넣어 준다.

얼음 채우기

스프레이 뿌리기

음료 채우기

완성

NEW TABLE & FOOD COORDINATE

참고문헌

국내

경기도 박물관 편(2001). **유럽 유리 500년 전**. 경기도 박물관.

고광석(2003). **중화요리에 담긴 중국**. 매일경제신문사.

고봉만 외 15인(2001). **프랑스 문화예술. 악의 꽃에서 샤넬 No.5까지**. 한길사.

곽데오도르 지음 · 임종엽 옮김(2004). **실내디자인론**. 도서출판 서우.

구난숙 외(2001). **세계속의 음식문화**. 교문사.

구천서(1994). **세계의 식생활 문화**. 경문사.

권영걸(2003). **공간디자인 16강**. 도서출판 국제.

권영식(1995). **우리나라 식생활문화의 정립과 식생활 용기**. 한양여자대학 도예연구지 제9권.

김기재 외(2002). **와인을 알면 비즈니스가 즐겁다**. 세종서적.

김동승 외(1989). **웨이팅(Waiting) 프랑스식 서비스 중심**. 기전연구사.

김복래(1999). **서양생활문화사**. 대한교과서.

김복래(1998). **프랑스가 들려주는 이야기**. 대한교과서.

김수인(2004). **푸드 코디네이터 개론**. 한국외식정보.

김원일(1993). **정통 일본요리**. 형설출판사.

김재규(2000). **유혹하는 유럽 도자기**. 한길아트.

김지영(2003). 이미지 분류와 선호도에 관한 연구-디너웨어를 중심으로-. 경기대학교 관광전문대학원 석사학위논문.

김지영 · 류무희(2004). 빅토리아 시대의 식문화와 테이블 세팅 요소에 관한 연구. **한국식생활문화학회지**, 19(2).

김진숙 · 김인화 · 최우승(2007). **파티플래닝**. 교문사.

김태정 · 손주영 · 김대성(1999). **음식으로 본 동양문화**. 대한교과서.

김호귀(1994). **현대와 禪**. 불교시대사.

나정기(2000). 수프의 의의와 분류체계에 대한 소고. **외식경영연구**, 3(1).

나정기(1998). **외식산업의 이해**. 백산출판사.

남상민(2003). **예절학**. 박영사.

노버트 엘리엇 지음 · 유희수 옮김(1995). **문명화 과정 : 매너의 역사**. 신서원.

노영희(2001). **맛있는 음식 · 행복한 식탁**. 동아일보사.

동아시아식생활학회연구회(2001). **세계의 음식문화**. 광문각.

류무희(2003). 테이블 세팅과 푸드코디네이션을 위한 내용 분석. 경기대학교 관광전문대학원 석사
    학위논문.

마귈론 투생-사마 지음 · 이덕환 옮김(2002). **먹거리의 역사(하)**. 까치.

막스 폰 뵌 지음 · 잉그리트 로셰크 편저 · 이재원 옮김(2002). **패션의 역사 1**. 한길아트.

맛시모 몬타나리 지음 · 주경철 옮김(2001). **유럽의 음식문화**. 새물결.

모란회 편(1981). **플라워 디자인**. 한림출판사.

문영란(2003). 화예디자인에 나타난 아르누보와 아르데코 양식의 조형적 특성 비교연구. **한국화예
    디자인학회논문집 제8집**.

문창희 · 홍종숙(2007). **테이블코디네이트**. 수학사.

미셀 뵈르들리 지음 · 김삼대자 옮김(1996). **중국의 가구와 실내장식**. 도암기획.

미스기 다가토시 지음 · 김인규 옮김(1992). **동서도자교류사**. 눌와.

민찬홍 외(1994). **실내 디자인 용어사전**. 디자인하우스.

박광순(2002). **홍차 이야기**. 도서출판 다지리.

박반야(2016). 내용분석을 통한 식공간연출 연구동향. **식공간연구 제11권 제1호**. 한국식공간학회.

박영배(2001). **음료 · 주장관리**. 백산출판사.

박춘란(2006). **식공간 연출**. 백산출판사.

박필제 외(2002). **인테리어 디자인**. 형설출판사.

박혜량(1997). 아르데코 양식을 응용한 복식 디자인 연구. 이화여자대학교 대학원 석사학위논문.

박혜원(1997). **플래퍼 패션의 노출미를 중심으로**. 창원대학교 디자인연구소.

백승국(2003). 맛의 이미지를 창조하는 푸드 코디네이션. **국민영양 제26권 1호 통권 245**. 대한영양
    사협회.

베스트 홈 편(1999). **테이블 데코**. 베스트 홈.

변광의 외(2001). **식품, 음식 그리고 식생활**. 교문사.

서성덕(1999). 도자기 접시 세트 개발에 관한 연구. 단국대학교 대학원 석사학위논문.

세계도자기엑스포조직위원회 편 · 정순주 · 박찬희 옮김(2001). **세계도자문명전/서양**. 세계도자기
    엑스포 조직위원회.

세계미술용어사전(1999), 월간미술

시노다 오사무 지음 · 윤서석 외 옮김(1995). **중국음식문화사**. 민음사.

신재영 외(2003). **식음료 서비스 관리론**. 대왕사.

쓰지하라 야스오 지음 · 이정환 옮김(2002). **음식, 그 상식을 뒤엎는 역사**. 창해.

아니 위베르 AH. 클레르 부알로 CB 지음 · 변지현 옮김(2000). **미식**. 창해.

앨러스테어 덩컨 지음 · 고영란 옮김(2001). **아르누보**. 시공사.

오영근(1999). **세계가구의 역사**. 기문당.

오인욱(2001). **실내디자인 방법론**. 기문당.

오재복(2003). 식사예절의 변천사에 관한 연구. 경기대학교 관광전문대학원 석사학위논문.

와타나베 미노루 지음 · 윤서석 외 역(1998). **일본식생활사**. 신광출판사.

원융희(1999). **세계의 음식문화**. 도서출판 자작나무.

유택용 외(2003). **일본요리**. 도서출판 효일.

윤복자(1996). **테이블 세팅 디자인**. 다섯수레.

윤석금(2000). **동남아시아 요리**. 웅진닷컴.

이경숙(2001). 청화기법을 응용한 도자 접시세트 제작에 관한 연구. 단국대학교 대학원 석사학위논문.

이규백(1997). **패션 숍 실내디자인에서 미니멀리즘적 특성**. 울산대학교 조형논총.

이석현 외(2002). **현대 칵테일과 음료이론**. 백산출판사.

이선미(2001). 라이프 스타일 연출을 위한 테이블 데커레이션의 구성 원리에 관한 연구 -식음공간을 중심으로-. 숙명여자대학교 디자인대학원 석사학위논문.

이연숙(1991). **서양의 실내공간과 가구의 역사**. 경춘사.

이연숙(1998). **실내 디자인 양식사**. 연세대학교출판부.

이영순 · 김지영(2003). **외국조리**. 효일출판사.

이재정(2002). **중국 사람들은 어떻게 살았을까**. 지영사.

이재희(2001). 식기 디자인 개발에 관한 연구. 경희대학교 교육대학원 석사학위논문.

이종문화사 편역(2000). **세계 장식 미술 2**. 이종문화사.

이철(2006). 음식과사진. 제2회 한국식공간학회정기학술대회집 한국식공간학회.

이홍규 편저(1999). **칼라 이미지 사전**. 조형사.

이효지(2001). **한국의 음식문화**. 신광출판사.

이희승(10994). **국어대사전**. 민중서림.

임영상 외 편(1997). **음식으로 본 서양문화**. 대한교과서.

임주환 외(2001). **음료해설론**. 백산출판사.

JENS PRIEWE 지음 · 이순주 역(2004). **와인입문교실**. 백산출판사.

장경림(1993). 아르데코 양식의 현대적 해석과 실내디자인에의 적용 가능성에 관한 연구. 이화여자대학교 대학원 석사학위논문.

장보주 · 최옥자(2001). **중국요리**. 효일출판사.

장징 지음 · 박해순 옮김(2002). **공자의 식탁**. 뿌리와 이파리.

장혜진(2003). 커틀러리의 역사적 고찰-유럽의 식탁을 중심으로-. 경기대학교 관광전문대학원석사 학위논문.

정은정(1995). 컵(cup)의 이미지를 표현한 도자 조형 연구. 이화여자대학교 산업미술대학원 석사학 위논문.

정현숙 외(2007). **푸드 비즈니즈와 푸드 코디네이터**. 수학사.

정희곤 외(2002). **최신 식품위생학**. 광문각.

조경숙(2000). 한식당 식공간의 시각적 요소의 중요도와 성과도 평가에 관한 연구. 경기대학교 관광전문대학원 석사학위논문.

조리교재발간위원회(2002). **조리체계론**. 한국외식정보.

조우지 후아 지음, 정연학 옮김(1998). **중 · 일 젓가락 습속 비교 연구**. 국제아세아민속학회지.

조은정(1999). **오늘부터 따라할 수 있는 테이블 데코**. 쿠켄.

조은정(2005). **테이블 코디네이션**. 국제.

Siegfried. Giedion 지음 · 이건호 옮김(1995). **기계문화의 발달사**. 유림문화사.

채용식 · 박재완 · 주영환(2001). **매너학**. 학문사.

최송산 · 최경식 · 유애경(2002). **중국요리**. 효일출판사.

카를로 페트리니 지음 · 김종덕 · 이경남 옮김(2004). **슬로푸드**. 나무심는 사람.

Katie Stewart 지음 · 이성우 외 옮김(1991). **식과 요리의 세계사**. 동명사.

Franz Sales Meyer(2000). **세계 장식미술 제4권: 장식의 요소**. 이종문화사.

Friedmann. Pile & Wilson 지음 · 윤도근 · 유희준 공역(1994). **실내건축 디자인**. 기문당.

피에르 라즐로 지음 · 김병욱 옮김(2001). **소금의 문화사**. 가람기획.

Peter N. & Lilian Rurst 지음 · 천승걸 옮김(1986). **Naturalism**. 서울대학교 출판부.

필립 아리에스. 조르주 뒤비 편(2002). **사생활의 역사 3**. 새물결출판사.

Haruyoshi Nagumo. 김상두 옮김(2000). **칼라 이미지 차트**. 조형사.

한국 브리태니커 회사. **브리태니커 세계대백과사전 제23권**.

한국 실내디자인학회 편(1997). **실내디자인 각론**. 기문당.

한국관광식음료학회(1999). **음료학개론**. 백산출판사.

한국식품영양학회 편(1997). **식품영양학사전**. 한국사전연구사.

한복려 외(2002). **한국음식대관 제5권**. 한림출판사.

한영호(2000). **실내 디자인 구성 요소**. 형설출판사.

한정혜 · 오경화(2005). **정통 테이블세팅**. 백산출판사.

헨리 페트로스키 지음 · 이희재 옮김(1995). **포크는 왜 네 갈퀴를 달게 되었나**. 지호.

헬렌 니어링 지음 · 공경희 옮김(1999). **소박한 밥상**. 디자인하우스.

호텔신라 교육원(2001). **서비스 기본 매뉴얼**. 호텔신라.

호텔신라 서비스 교육센터(2002). **현대인을 위한 국제매너**. 김영사.

황규선(2000). **아름다운 식탁**. 중앙 M&B.

황규선(2007). **테이블 디자인**. 교문사.

황재선(2004). **촬영을 위한 테크닉 푸드 스타일링 & 테이블 데커레이션**. 교문사.

황종례 · 유성웅(1994). **세계도자사**. 한국색채문화사.

황지희 외(2002). **푸드 코디네이터학**. 도서출판 효일.

황지희(2003). 푸드스타일리스트의 교육현황과 학습자의 만족도에 관한 연구. 경기대학교 관광전
문대학원 석사학위논문.

황혜성 외(1990). **한국의 전통음식**. 교문사.

국외   Alastair Duncan(1999). *American Art Deco*. Thames and Hudson.

Barbara Milo Ohrbach(2000). The Well-Dressed tabletop. *Art and Antiques, 23*(1).

Chris Bryant & Paige Gilchrist(2000). *The new of table settings*. Lark Books.

Eric Knowles(1998). *100 years of the decorative arts*. Reed Consumer Book Limited.

Georges et Germaine Blond(1976). *Festins de tous les temps*. Fayard.

Giovanni Rebora, Albert Sonnenfeld trans(2001). *Culture of The Fork: A Brief History of Food
in Europe*. Columbia University Press.

Harry L(1997). *Rinker, Dinnerware*. House of collectibles.

Henriette Pariente(1981). *La Cuisine Française*. O.D.I.L.

Henry Petroski(1994). *The Evolution of Useful Things: How Everyday Artifacts-from Forks and
Pins to Paper Clips and Zippers-came to be as they are*. New York: Vintage Books.

Jim & Susan Harran(2000). *Cups & Saucers*. Paducah.

Joel Langford(2000). *Silver*. Quantum Books.

Leslie Pina & Paula Ockner(1999). *Art deco glass*. Schiffer.

Margaret Visser(1991). *The Rituals of Dinner: The Origins, Evolution, Eccentricities, And
Meaning of Table Manners*. Penguin Book.

Mary Frank Gaston(1997). *Art Deco*. Collector Books.

Mirabel Osler, Simon Dorrell and Shaun Hill(1996). *A Spoon with Every Course: In Search of*

Legendary Food of France. Pavilion Books Limited.

Nina Hathway ed. Juidth Miller(2000). *A Closer look at Antiques*. Bullfinch Press.

Peri Wolfman and Charles Gold(1994). *Forks, Knives and Spoons*. Cllarkson Potte.

Sara Paston-Williams(1993). *The Art of Dining: A History of Cooking and Eating*. The National Trust.

Sarah Yates(2000). *Collecting glass*. Octopus Publishing Group Ltd.

Sharon Tyler Herbst(1995). *Food lover's companion*. Barron's.

Suzanne von Drachenfels(2000). *The Art of the Table : A Complete Guide to Table Setting, Table Manners, and Tableware*. Simon and Schuster.

Thomas Schurmann(1998). *Cutlery at the fine table : innovations and use in the nineteenth century*. International commission for research into European Food History.

Tim Forrest, Paul Atterbury consulting ed.(1998). *The Bulfinch Anatomy of Antique China and Silver: An Illustrated Guide to Tableware, Identifying Period, Detail and Design*. Bullfinch Press Book.

Tour d'argent(1985). *Restaurant de la Tour d'argent*. Media france.

丸山洋子(2002). テ-ブル コディネ-ト. 共立速記印刷.

古屋典子(2001). パりの食卓. 講談社.

大阪・あべの・調理師専門學校 日本料理研究室(1974). テ-ブル式料理便覽. 評論社.

成美堂出版 編輯部(2002). おいしい紅茶の事典. 成美堂.

勝田修弘 監修, 東急 エ-ジェンシ(1997). 紅茶大好き. 東急エ-ゼンシ出版部.

日本 フ-ドコディネ-タ-協會(1998). フ-ドコディネ-タ-敎本.

畑耕一郎(1998). プロのためのわかりやすい日本料理. 評論社.

웹사이트

http://www.acehome.co.kr

http://www.gantique.com.

http://www.britannica.co.kr

http://www.slowfoodkorea.com

http://www.naver.com

http://absinthegeek.files.wordpress.com/2011/07/topette1.jpg

http://commons.wikimedia.org/wiki/File:Milano_o_praga,_cesto_in_cristallo_di_rocca_intagliato_con_manico,_1600-1650_ca..JPG

http://nmscarcheologylab.wordpress.com/2011/11/29/glass-deterioration/

http://www.steveonsteins.com/wp-content/uploads/2010/09/KZ-4301-BEER-GLASS-BEAKER-
HOLDER.jpg

http://commons.wikimedia.org/wiki/File:BLW_Mug.jpg

http://www.itaggit.com/community/blogs/root/archive/2011/03/15/-Impressions-of-the-
Depression_3A00_-The-Art-of-Collecting-Depression-Glass.aspx

http://www.google.co.kr/imgres?q=waterford+crystal

http://www.google.co.kr/imgres?q=waterford+crystal

http://www.replacements.com/mfghist/waterford_crystal.htm

http://www.google.co.kr/imgres?q=nefs

http://www.coroflot.com/millerillustration/traditional-media-illustration/26

http://discoveringdesign.wordpress.com/2008/09/24/minimalism-an-introduction/

http://www.homeinfurniture.com/2010/05/extravagant-ultra-modern-house-modern-lofthouse-
design-luc-binst/ultra-modern-house-design/

http://homeklondike.com/2010/10/12/contemporary-kitchen-ideas-get-the-look/

http://www.123rf.com/photo_8602654_design-interior-of-elegance-modern-living-room-
minimalism-similar-compositions-available-in-my-portf.html

http://www.aperfectkindofday.com/2011/08/minimalism.html

http://www.nycitycures.com/2010/09/day-philip-johnson-glass-house.html

http://philipjohnsonglasshouse.wordpress.com/2010/08/24/site-spotlight-da-monsta-1995/

http://0.tqn.com/d/worldfilm/1/0/q/Z/18.jpg

http://www.laciudadviva.org/blogs/?p=6196

http://www.look4design.co.uk/l4design/pages/gallery.asp?company_id=65

http://image.search.yahoo.co.jp/search?ei=UTF-8&fr=top_ga1_sa26l&p=%E9%A3%9B%E9%B3%
A5%E6%99%82%E4%BB%A3%E3%81%AE%E9%A3%9F%E3%81%B9%E7%89%A9

http://image.search.yahoo.co.jp/search?p=%EF%A4%8C%EF%A5%BC%E6%99%82%E4%BB%A3
%E3%81%AE%E9%A3%9F%E3%81%B9%E7%89%A9&rkf=1&oq=&ei=UTF-8&imt=&ctype=
&imcolor=&dim=large

http://image.search.yahoo.co.jp/search?p=%E5%B9%B3%E5%AE%89%E6%99%82%E4%BB%A3%
E3%81%AE%E9%A3%9F%E4%BA%8B&rkf=1&oq=&ei=UTF-8&imt=&ctype=&imcolor=&di
m=large

http://image.search.yahoo.co.jp/search?ei=UTF-8&fr=top_ga1_sa26l&p=%E5%AE%A4%E7%94%

BA%E6%99%82%E4%BB%A3%E3%81%AE%E9%A3%9F%E4%BA%8B

http://image.search.yahoo.co.jp/search?p=%E6%98%8E%E6%B2%BB%E6%99%82%E4%BB%A3%E3%81%AE%E3%81%AE%E9%A3%9F%E4%BA%8B+&aq=-1&oq=&ei=UTF-8

http://image.search.yahoo.co.jp/search?p=%E7%B2%BE%E9%80%B2%EF%A6%BE%E7%90%86&ei=UTF-8&rkf=1&imt=&ctype=&imcolor=&dim=large

http://image.search.yahoo.co.jp/search?p=%E6%9C%83%E5%B8%AD%EF%A6%BE%E7%90%86&ei=UTF-8&rkf=1&imt=&ctype=&imcolor=&dim=large

http://image.search.yahoo.co.jp/search?p=%E6%99%AE%EF%A7%BE%EF%A6%BE%E7%90%86&oq=&ei=UTF-8&rkf=1&imt=&ctype=&imcolor=&dim=large

http://en.wikipedia.org/wiki/File:Assiette_Castel_Durante_Lille_130108.jpg

http://en.wikipedia.org/wiki/File:Vase_in_Imari_style.jpg

http://en.wikipedia.org/wiki/File:Rouen_faience_circa_1720.jpg

http://en.wikipedia.org/wiki/File:Meissen-Porcelain-Sign-2.JPG

http://en.wikipedia.org/wiki/File:Meissen-Porcelain-Table.JPG

http://en.wikipedia.org/wiki/File:S%C3%A8vres_Plate_-_1775_-_Victoria_%26_Albert_Museum.jpg

http://en.wikipedia.org/wiki/File:Wedgwood.jpg

http://en.wikipedia.org/wiki/File:Doulton.jpg

http://en.wikipedia.org/wiki/File:BLW_Trencher.jpg

http://en.wikipedia.org/wiki/File:Tankard_(PSF).png

http://absinthegeek.files.wordpress.com/2011/07/topette1.jpg

http://commons.wikimedia.org/wiki/File:Milano_o_praga,_cesto_in_cristallo_di_rocca_intagliato_con_manico,_1600-1650_ca..JPG

http://nmscarcheologylab.wordpress.com/2011/11/29/glass-deterioration/

http://www.google.co.kr/imgres?q=waterford+crystal

http://www.google.co.kr/imgres?q=waterford+crystal

http://www.replacements.com/mfghist/waterford_crystal.htm

http://www.google.co.kr/imgres?q=nefs

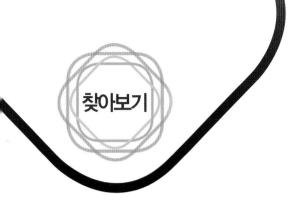

찾아보기

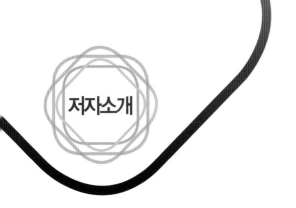

김지영
경기대학교 대학원 외식조리관리학과 관광학 박사
한양여자대학교 식품영양과 교수

류무희
경기대학교 대학원 외식조리관리학과 관광학 박사
호원대학교 외식서비스경영학과 교수

장혜진
경기대학교 관광전문대학원 식공간연출전공 관광학 박사
한양여자대학교 외식산업과 교수

황지희
성신여자대학교 대학원 식품영양학과 이학박사
청강문화산업대학 푸드스타일리스트과 교수

오재복
경기대학교 관광전문대학원 식공간연출전공 관광학 박사
경기대학교 관광전문대학원 식공간연출전공 교수

새로 쓴 테이블 & 푸드 코디네이트

2014년 9월 19일 초판 발행
2020년 9월 17일 3쇄 발행

지은이 김지영 · 류무희 · 장혜진 · 황지희 · 오재복
펴낸이 류원식
펴낸곳 교문사
편집팀장 모은영
디자인 다오멀티플라이
본문편집 아트미디어

주소 (10881) 경기도 파주시 문발로 116
전화 031-955-6111
팩스 031-955-0955
홈페이지 www.gyomoon.com
E-mail genie@gyomoon.com
등록번호 1960.10.28. 제406-2006-000035호
ISBN 978-89-363-1429-3(93590)
값 22,000원